U0225401

2015 CHINA INTERIOR DESIGN ANNUAL

2015 中国室内设计年鉴 （上）

设计家 编

上海科学技术文献出版社
Shanghai Scientific and Technological Literature Press

图书在版编目（CIP）数据

2015 中国室内设计年鉴：上、下册 / 设计家 编. -- 上海：上海科学技术文献出版社，2016.1
ISBN 978-7-5439-6881-3

Ⅰ. ①2… Ⅱ. ①设… Ⅲ. ①室内装饰设计—中国—2015—年鉴 Ⅳ. ①TU238-54

中国版本图书馆 CIP 数据核字（2015）第 264362 号

责任编辑：祝静怡
封面设计：设计家

2015 中国室内设计年鉴（上、下册）
作　　者：设计家
出版发行：上海科学技术文献出版社
地　　址：上海市长乐路 746 号
邮政编码：200040
经　　销：全国新华书店
印　　刷：上海锦良印刷厂
开　　本：646×960　1/8
印　　张：77.5
字　　数：2 029 000
版　　次：2016 年 1 月第 1 版　2016 年 1 月第 1 次印刷
书　　号：ISBN 978-7-5439-6881-3
定　　价：618.00 元
http://www.sstlp.com

前言 PREFACE

消弭的边界

《2015 中国室内设计年鉴》（以下简称《年鉴》）是设计家传媒（以下简称《设计家》），秉持一贯的开放视野和专业态度，倾力推出的 2015 年度中国优秀室内设计作品集。本书按空间功能分为酒店、餐厅、会所、办公、文化教育、商业体验、休闲娱乐、样板房及地产销售中心等板块，共收录了 2014-2015 年度中国（含香港和台湾地区）完成的最具代表性的设计作品 100 多个。全书集 70 余名作者，阵容强大，以本土实力派设计师为创作主体，同时涵盖了来自欧美、亚太的全球知名设计机构及著名设计师，流派多元，是当下全球范围内设计智慧的汇聚。书中同时收录了《设计家》对中国室内设计 2015 年度代表性事务所和人物的深度对话和访谈，从社会、人文、专业、行业多维度剖析了中国室内设计的现状和未来。

在这个人人谈论“互联网 +”的时代，社会经济、信息与科技瞬息万变，建筑空间设计领域的开放性和融通性趋势越来越明显。设计师身份的模糊性，项目类型的多元化，空间功能的多义性，建筑外部与室内的互通性，传统与当代、东方与西方文化的交融性，“新”与“旧”的互植交叉，设计不再只是单一的面向，而是成为需要进行知识与经验跨界共享的多纬度、多视角的研究活动。

甲方与乙方，老板与员工，这些原本对立的矛盾，其实存在统一的可能性。聂剑平、吕绍苍等设计师，已完成从设计师到酒店品牌创立和经营者的转变；设计成都太古博舍酒店的英国 Make Architects 事务所，所有员工共同拥有公司股份，每个员工都是公司的老板，而 Make 取得如今成就的核心就是公司的员工持股模式。设计师在采访中谈到，如今人们对待工作和娱乐的界限逐渐模糊，空间功能呈现多义性特点，公共空间和私有空间，严肃空间和轻松空间之间的界限及相互配置，也有相互渗透、相互融合的趋势，设计师应跨越项目类型之间的障碍，让各领域的知识没有障碍地应用于其他项目的特殊需要。设计高端住宅的经验可以无缝衔接地运用于酒店设计，酒店对舒适度的要求以及用户的体验要求也会影响设计师对办公室空间的布置。刚刚揭开神秘面纱的民族自主高端酒店品牌诺金，HBA 设计师以“现代明”的设计理念和“古为今用”的主题风格，将明代文人文化与现代艺术生活方式巧妙结合，着重展现明朝盛世的“文人文化”。上海崇明金茂凯悦酒店，岛上唯一一家五星级低密度度假酒店，威尔逊设计中的亮点在于有意地加强了室内外之间的关系，尽可能将庭院整合进室内空间，希望以此模糊室内外之间的界线。

“走进知名事务所”栏目，通过宾主之间互动交流的方式，为读者带来了关于东西方文化碰撞互融，品牌一起设计与发展，建筑、室内、景观一体化设计等无边界理念。

也许那些传统中的边界，正是未来设计中突破的可能性。

许晓东

2015 年 9 月

目录 CONTENTS

INTO THE WELL-KNOWN ARCHITECTURAL FIRM
走进知名事务所

DESIGNER

人物

HOTEL 酒店

餐厅 RESTAURANT

娱乐休闲 LEISURE

Focusing on Design , Improving Hotel Service to Respond to Market Changes

专注设计、提升服务应对酒店市场变化

——访威尔逊（Wilson Associates LLC）上海办公室

2015年8月14日下午，参加中国设计精英之旅活动的长春设计精英一行，到访威尔逊（Wilson Associates LLC）上海办公室，办公室相关负责人为大家介绍了威尔逊公司的全球办公室分布、团队构成、项目类型、工作流程等，分享了在上海及中国范围内已经建成代表案例，讲述了设计理念以及作品背后的坚持与折中。上海办公室运营副总裁Michael Zhang介绍了公司的全球布局及近期内的市场侧重，正视中国五星级酒店市场相对饱和的现状，提出以专注设计、提升服务和拓展业务面的策略来应对市场变化。Michael认为，精品酒店将成为未来酒店行业的趋势，酒店独特个性和高科技智能化将是未来设计需要突破的方向。交流中，长春同行对于团队管理、设计流程、品质控制、设计取费等诸多业界共同关注的话题，与威尔逊上海办公室同行进行了热烈探讨。

全球布局、项目流程和管理标准

市场部Jess：威尔逊室内设计公司是1971年由Trisha Wilson女士在美国的达拉斯成立的，已有40多年历史，总部位于美国的达拉斯，在美国有达拉斯、洛杉矶、纽约三个办公室，在亚洲的新加坡和上海，在中东的迪拜、阿布扎比，在印度的科钦都设有办公室。公司近期在法国的巴黎开设了威尔逊的第9个办公室，主要也是针对欧洲的市场。威尔逊公司一共有400多名人员，主要的设计力量是来源于新加坡和美国的办公室，新加坡是最大的一个设计办公室，一共有150多名设计师。上海办公室是2002年左右成立的，主要是为了中国项目的落地，因为中国的设计师对国内设计规范比较熟悉，在技术方面有很好的支持，同时对后期的现场服务都提供了一个强有力的支持。目前，上海办公室有70名左右的设计师。全球来看，威尔逊的设计师来自五湖四海，说超过30种语言，是非常多元化的公司。

公司主要针对五星级酒店、度假酒店、赌场、高端住宅、会所、办公、餐饮等空间提供室内设计。公司旗下拥有一个以做餐饮为主的Blue Plate Studio——蓝碟工作室，主要是在纽约和新加坡。提供高端室内设计、品牌标识和桌面设计等各种服务。团队组成人员

张甲刚（MICHAEL ZHANG）

中国华东理工大学环境艺术学硕士；

2004年至2008年在Wilson Associates LLC任职，后服务于JFK Associates Inc.，经过5年的积累和沉淀，2012年正式回归Wilson Associates LLC担任中国区运营副总裁；

主要负责上海办公室的运营与管理工作。其参与的酒店项目有珠海瑞吉酒店，千岛湖喜来登酒店，印尼巴厘岛悦榕庄等。

非常特别，并不都是由设计师组成的，还包括一些餐厅的主厨，但是他们有一个共同的爱好，就是美食。他们将自己对美食的热情与才能淋漓尽致地运用到餐桌上，营造富有新意的餐饮环境，通过设计为美食赋予生命。

我们的工作流程，是从空间规划、概念设计、扩初设计、室内设计文档，包括软装规格书，招标与授标，主要协助业主进行评标，回答问题，进一步说明设计意图，审核价值工程选项，确保项目及时并在预算内完成。最后一步是施工与安装，在施工阶段，定期视察现场，确保施工质量以及与设计意图的符合性。

威尔逊和一些知名的酒店管理公司都有过合作，也获得过很多国际奖项，其中，有酒店室内设计界奥斯卡之称的金钥匙奖，威尔逊成立至今，共获得了40次左右的金钥匙奖，这也是一种至高无上的荣誉。

Michael：威尔逊现在全球有8家分公司，实际上新成立的巴黎分公司已经开业。成立巴黎分公司，主要是基于我们CEO对全球市场的最新判断。首先一个判断是中国市场相对饱和，至少五星级酒店的市场是这样。其他区域，南美、东南亚市场有复兴的迹象，欧洲市场也有可能复兴。其实欧洲市场威尔逊一直没有涉猎，做的项目也很少，主要与之前欧洲整体经济状况不好有关。巴黎的分公司，主要针对欧洲市场。

公司的运营管理方面，这么多分公司，怎么能做到步调一致和统一的品质？主要应该归功于威尔逊有一个完善的运营体制和统一的运营标准，包括设计方面的标准和公司内部行为的一些基本准则。另外，我们也有一个相对比较完善的培训机制，经常会有一些资深设计师，为不同的分公司，不同的设计师定期做各方面的讲座。比如说设计理念方面的启发，方案汇报方面的技巧，设计师跟业主直接交流方面的技巧，一些专业知识的培训讲座，对我们的基层和中层设计师的发展有一定的帮助。同时，通过这些培训，也相应地对公司的设计理念和行为方式做了一些规范。

威尔逊整个的项目流程是这样的，第一步，由我们的市场部门第一时间去跟业主接触，了解项目信息，确定设计团队，再确定主要设计师。然后由设计师跟业主有一个进一步的探讨，业主最终确定由我们公司承接这个设计项目之后，我们会签约启动项目。项目启动之后，我们会确定一个设计团队，由设计总监牵头，这个设计总监就是这个项目的总负责。设计总监主要负责做概念方案，每一个团队会配有软装设计总监，和项目总的设计总监，从概念方案阶段就开始配合；设计总监下面会有设计经理和高级设计师，负责概念方案深化；再往下，会有一个施工图团队进行深化，施工图结束之后，如果业主有要求，我们会派驻设计师常驻现场，如果业主没有这个要求或者预算，我们设计师也会不定期在关键的节点，提供一些现场答疑、指导、检查、核对。另外，这个团队里有一个非常重要的成员，就是项目经理，负责协助设计总监来管理整个设计团队，包括制定项目进行计划，人力安排和工作量分配，和业主、其他专业的协调，包括收款，都是由项目经理去做的。如果说一个项目的设计效果是由设计总监来决定的，那么，一个项目能否顺利进行是由项目经理来决定的。目前，我们每一个设计总监都会配一个项目经理来负责控制项目的进度和质量。

基于地域文化和自然生态的代表案例

Jess：2012年开业的浦东陆家嘴四季酒店，坐落于上海极具影响力的金融贸易区陆家嘴的核心地段，拥有绝佳视野。兼具摩登与恒久之质，被冠以“珠宝盒”的美名。酒店极富现代感的内饰以上世纪二三十年代装饰派艺术盛行时期，即上海国际贸易与文化蓬勃的黄金年代为灵感而设计完成。步入大堂，首先映入眼帘的是造型感十足的螺旋而上的造型。可见日本设计团队Studio Sawada Design打造的由1000条金属薄片编织而成的巨型雕塑，好似叶片的形态使原本笨重的材质显得格外轻盈，伴随一天中不同时段日照，金属材质亦闪耀出不同亮度的光泽，十分悦目，成为酒店大堂一道烂漫的风景线。如今酒店顶层的泳池，业主本想将其放在地下，威尔逊介入后，考虑到酒店绝佳的地理位置，建议将其放到酒店顶层，所以就有了今天的无边际泳池。游泳池的一端固定了一个 LED 屏幕，播放视频艺术，打造了一个标志性的、变幻无穷的视觉效果。客房和套房采用了线条清晰而又奢华的色彩和纹理，通过大面积玻璃的使用，一览浦东极致的视野。

上海崇明金茂凯悦酒店位于崇明生态岛东部，毗邻东滩湿地公园，是崇明岛第一间度假酒店，2014 年刚刚开业。湿地公园又有候鸟保护区之称，正是这个特别的称呼成为了酒店设计的主要灵感来源。设计师充分利用酒店周围的自然环境与植被，同时利用鸟的元素，为客人营造出一个祥和宁静的圣地。酒店中多处使用到了庭院，目的就是想要把室内与室外的空间模糊化，庭院不仅仅作为景观，更为室内引入了自然光，让人更加接近自然。酒店室内设计以简明的线条为主，伴以巧妙的细节，凸显出材料与纹理的选择。中国式园林是中餐厅的设计风格，月洞门与曲折的地面图案将客人引入餐厅。每个餐桌间设有一个大型鸟笼，为客人提供私密感的同时，向崇明的观鸟习俗致敬。会议区的设计概念是凯悦最新的"Campus 校园"理念。主要用来给公司做培训与会议使用。整个空间设计新颖，带来一种大学校园的感觉，同时也希望能给人们带来创造性思维。外露的砖墙，木质的讲台与墙面上科学的草图令这个具有教育性的氛围蓬荜生辉。崇明金茂凯悦酒店以其特有的美丽，诠释着岛上的自然环境，与大自然接轨，让心灵重新回归。

作品背后的坚持与折中

资深设计师 Eileen：我为大家介绍一下自己参与过的两个项目，这两个项目的主设计师就是我们公司非常知名的项目——亚特兰帝斯失落之城的主设计师 James Carry 先生。他很善于做这种大型的主题酒店，是特别有天才创意的设计师。因为两个项目总规里都有中式元素的要求，从设计中可以体现老外设计师对中式风格以及中国文化的理解。

去年年底 APEC 会议在北京怀柔雁栖湖召开，相信大家都比较熟悉。这个项目一共有 12 栋度假别墅，有一个会议中心，一个精品酒店与一个日出东方凯宾斯基酒店。我们公司有幸设计了其中的 6 栋酒店式别墅和一个精品酒店。

考虑到项目体量比较大，我公司新加坡与美国的办公室都积极参与到了项目设计中去。我要介绍的是我所参与配合达拉斯办公室完成的雁栖湖 4 号别墅。4 号别墅从中国古代宫廷式建筑，特别是从中文符号"囍"上获取灵感。该符号左右两侧建筑营造出平衡与和谐。因为整个项目是政府主导项目，当时的定位是给国家领导人使用的，所以平面布局的最初，就需要对领导人接待外宾的一些习惯进行深入了解，设计师做了大量的平面和立面的手稿，在概念阶段，就把整个效果做得很清楚。其实这个项目有很多遗憾，因为它施工周期很短，后来材料确认的时间也不够，有些木饰面、家具，尤其是灯具，颜色跟我们当时选型都有偏差，整体效果其实是打折扣的，但是因为它整个骨架还是不错的，所以最终出来的效果还是令人满意的。

青岛的金沙滩希尔顿酒店，是今年年初开业的。酒店从开始筹建，一直到开业，差不多用了将近 10 年的时间，业主原来一直是开发房地产的，第一次做这种酒店项目，也是特别重视，花了很大的精力。整个建筑是德式建筑，做得特别精致。James Carry 接手这个酒店的时候，结构已经封顶了，但他觉得这个大堂的挑高不够气派。由于他也是建筑师出身，所以对整个建筑动线是很了解的。他当时给业主建议，将整个天顶敲掉，做了很多的天窗，业主也特别尊重他的意见，花了很大一笔钱进行整改。后来在中餐厅里面也打了两个天光的顶。酒店验收之后，我们对于一些艺术品和灯光效果不是太满意，最终提出了整改意见。我们的设计在大的效果与风格上都能把握的特别好，同时又非常注重细节的把控，确保每个项目都能成为精品。

以深度服务和拓宽业务面来应对中国酒店市场日益饱和的状态

许晓东：您刚才谈到中国市场高星级酒店在萎缩，那么威尔逊今后在中国市场方面有什么样的计划？

Michael：中国的国际品牌高星级酒店的项目量肯定是在萎缩的，这和中国房地产市场不景气有关系。但并不等于没有五星级酒店项目，所以，首先我们承接五星级室内设计项目的目标是不变的。一方面，我们内部会通过提高服务品质，来赢得老客户的信任和新客户的青睐；另外一方面，根据目前这种市场状况，我们也准备做一些调整。可能明年的1、2月份，公司会从国外派驻过来一个设计总监到上海公司，然后可能会成立一个设计工作室，项目涉及国内品牌的五星级酒店，四星级酒店，高端住宅、别墅、会所，甚至说一些商业项目，进行业务面的拓宽。

许晓东：其实你们做的崇明恺悦已经是精品度假酒店的概念了。

Michael：对，它基本的模式还是度假酒店的模式，加入一些精品的概念。实际上国内精品酒店的数量或品种可能会越来越多，威尔逊关注这样的业态改变，准备抓住这块市场。

许晓东：威尔逊近期在中国有哪些重点项目？

Michael：现在上海公司参与的上海中心J酒店，目前处于深化设计阶段。

上海普陀的环球港凯悦已经在施工，然后嘉定的安腾忠雄保利大剧院的高层建筑里面有一个凯悦酒店，我们也在做室内设计。此外，还有武汉第一高楼里的丽思卡尔顿，珠海的瑞吉酒店也是我们在做。

基本上所有项目的概念方案都是由美国和新加坡设计团队的设计总监来牵头做，上海这边主要的工作是做深化和现场配合。

设计师自觉专注于做好作品

齐伟民：上海公司设计团队的构成中，中国和境外设计师的比例是多少？年龄和专业、学历背景怎样？

Michael：境外公司用人没有条条框框，最基本的用人标准是能力，你哪怕只是中专毕业，但能力与经验到了，也会给你机会。我们的人员组成中，中国人和外国人没有固定的比例，但是基本上是概念方案以老外为主的，国内的设计师主要是配合。因为国内的酒店设计力量起步比较晚，所以老外对国内设计师的认知和认可也需要有个过程，目前还是比较保守。但如果国内设计师在做项目的过程中，能够表现出相当高的设计实力，也有机会参加概念方案设计。

赵思伟：境外公司的工作模式和我们国内的一些公司模式上有哪些区别？包括业务流程和服务的标准，有哪些差异？

Michael：我觉得国外设计公司跟国内设计公司可能

最大的区别就在于对设计师的管理方面。可能国外设计公司更倾向于少管理，能够比较注重员工的自我发挥。所以我们对公司员工的管理，也是一种比较宽松的管理模式。我们对工作时间没有硬性的限制，但是设计师自我控制能力和责任心都比较强。国内有些公司，可能做项目的速度很快，主要采取的是人海战术，我们觉得这样做可能会有一些弊端，很难出好的作品，也不符合我们公司设计师的性格。所以我们更倾向于专注地将项目做好，出好作品。

许晓东：在这种宽松的管理环境下，怎样对设计师进行考核呢？

Michael：我们之前比较少遇到这样的问题，因为之前每一个五星级酒店的设计周期都在12个月以上，所以我们设计师有充分的时间去发挥他的设计优势。但是这几年，可能这个矛盾就出来了，因为随着公司项目量的增加，使得设计周期的要求越来越苛刻，周期在缩短，这个矛盾也出现了。现在公司在不同的区域会采取不同的方法，有的会按人头分配产值指标，但接下来可能我们全球公司会统一以工时来作为指标。

权文：我对项目经理这个角色比较感兴趣。因为我们这个公司相对比较小，所以我们想跳过这个阶段，我想问一下这个项目经理是设计师吗？

Michael：我们的项目经理都是设计师出身，他必须得懂设计，如果不懂设计，不了解整个项目的流程，那设计师怎么管理？

权文：项目经理是承包制吗？项目奖励有没有？

Michael：我们目前没有。

权文：那他们积极性在哪儿？

Michael：谈到这点，我们国内的设计公司可能很难理解，但是这也就是国内设计公司和国外设计公司的区别。国外设计公司的设计师其实比较看中的是这个职业和职位，是这个工作机会，成长的机会，可以发挥自己所长，是一种工作的成就感。当然，也要给足够的薪水和收入，能够满足他的一些基本要求，所以设计师很珍惜这样一个职位，也希望能看到自己参与的作品落地，所以设计师会自觉地负责任地完成他的工作。

李文：如何保证设计方案最终的完成度？

Michael：其实在10年前，对于我们公司来说还好，因为那个时候业主酒店方面的专业人才不是很多，对我们还是非常信任，所以我们的设计图纸、选择的材料，业主基本上都会比较尊重。然后如果因为造价的问题，他要直接换材料，也会第一时间让我们设计师认可。但是现在的情况不一样了，随着国内酒店设计人才的越来越多，业主方的酒店设计人才也多，业主自己的想法也多了，所以现在出现很多情况，就是业主不通知我们，就改材料，就改现场的一些造型或者一些设计。其实对于这种情况，第一，我们要把握好施工图图纸质量，保证对设计有一个准确完整的诠释；第二，在施工图图纸之后，我们设计师会对业主替换材料或者现场更改的行为，有一个主动跟踪，提出一些主动的要求。如果一些业主不在乎的话，我们可能也会借助酒店管理公司的力量，来帮助我们去要求业主遵守我们的设计要求。至少是要在更改的时候征得我们的同意。如果业主坚持，我们会配合业主，找到尽量能够体现我们的品质要求的折中的解决方案。

付养国：现在的五星级酒店也逐渐在同质化，未来这个趋势会有怎样的突破？

Michael：我觉得，精品酒店肯定是未来的一个趋势，因为你去欧洲去走一圈，可能像这种大规模标准商务五星级酒店的数量并不是很多，更多的是那种小型的精品酒店。

就像我们前年在麦加一口气接了19个酒店，里面也有希尔顿这些品牌，但是每一个酒店的规模很小，只有几十间客房。所以国外这种精品酒店已经很普遍了，这是一个发展趋势，我觉得国内可能也会是这样一个发展趋势。所谓精品，一是它的品质很精，另外是要有独特性，这是精品酒店最基本的定义，这就要求设计师能够找出一些独特的理念，赋予这些酒店。另外，现在无线网络的技术越来越先进，科技方面的突破可能会更容易。之前我们在迪拜就有尝试过一个酒店项目，总服务台没有接待人员，然后直接通过手机来办理入住手续，直接进入你的房间，包括在房间里的开关控制模式，也有一些改变。风格上、特色上会有突破，科技方面可能会有一些新的突破，就是说这两方面可能是酒店项目来说一个大的趋势。

许晓东：请谈谈威尔逊和现代集团的合作情况。

Michael：我们相当于是被现代集团全资收购，现在是属于现代集团的全资子公司。但是现代集团不参与我们的运营，我们所有的团队还是原先的团队，所有的设计师还是原有的设计师，所有的项目操作方式还是我们原有的操作方式。收购后，集团的业务范围扩展到国内外高端室内设计领域。其实是一个合作的过程，威尔逊与集团一起，继续扩大市场占有率，探索新的合作机会。

Everything We Do Is for Good Design

“我们所做的一切只为了出好设计”

——访 HBA 董事合伙人兼 Studio HBA 赫室

能够到 HBA 上海的办公室一探究竟恐怕是许多中国本土设计师的愿望， HBA 董事合伙人兼 Studio HBA 赫室中国主事人李鹰及其团队热情接待了来访的同行们，并着重为他们介绍了 Studio HBA（以下简称“Studio”）在的市场竞争优势、组织架构、人员构成和项目的设计过程。在交流中，来访设计师按捺不住对知名设计公司内部运作模式、项目报价、职员流动、晋升和薪酬、软装收费等一系列问题的好奇，纷纷提问，李鹰结合 HBA 在国际上的惯例做法及个人的设计经验回答了设计师们的疑问，现场气氛热烈而欢快，直到时间悄然走过一个半小时，设计师们才意犹未尽地结束了这场愉悦的对话。

“我们一直在做两件事：创立品牌与发展 Studio”

1965 年 HBA 正式注册，到 2015 年整整五十周年。在众人眼里，HBA 是国际做奢华酒店室内设计的领军设计公司，尤其近二十多年，HBA 在全球做酒店室内设计领域一直排名第一。持续保持领先很难，俗话说逆水行舟，不进则退，怎样才能进？关键是做服务。全球有许多新兴市场，近年来市场也不断变化，我们一直在思考如何把服务做得更好，这些年 HBA 一直在做两件事：一是创立品牌，二是发展 Studio，表面上看 HBA 做酒店室内设计，Studio 也做室内设计，但出发点不同。对国内很多客户来说，HBA 最大的优势是它国际大品牌设计公司的名气，但在某些市场这项特点并没有带来优势，很多客户与 HBA 签约时很高兴，但开始设计了，就因为语言、文化背景、时差、项目配合、造价等各方面因素产生担忧。Studio 的创立是从这个角度出发，它作为 HBA 的一部分，同样提供室内设计，但更强调一个国际品牌如何提供本土化服务。

李鹰

HBA 的合伙人以及 Studio HBA 赫室中国主事人

在室内设计领域拥有 20 余年的工作经验。1994 年，他毕业于中央工艺美术学院（现清华大学美术学院），并获得美国弗吉尼亚联邦大学艺术硕士学位。

2003 年，他带着多样化和国际化理念加入 HBA 旧金山办公室。2010 年，他回到中国，在上海开始运营并发展 HBA 全新概念的子品牌 Studio HBA 赫室。四年后，他领导的赫室上海办公室作为赫室品牌位于中国的总部已经迅速成长为 HBA 全球第四大设计办公室，并且分别在中国地区创立了赫室北京及广州办事处。

Studio 更强调服务的落地性

Studio 到目前为止在全球共有八个办公室，看 HBA 办公室的分布，有很多不同地点的办公室在同一个区域做项目，至少有五个不同办公室都在上海做过项目，但 Studio 不同，它只做所属区域的项目，这样做最大的好处是强调本土服务，例如上海的 Studio 就只做中国市场的项目。每个 Studio 虽然有统一的大标准，但每个市场都有其针对性，可以根据市场需求调整办公室提供服务的方式以及团队的架构。上海办公室目前架构中最大的部分是室内设计部分，我们有很多设计团队，主创设计师、方案设计师、画图的、做效果图的人我们都称为设计师，只是分为设计师、资深设计师和总监的不同级别，差别是工作年限长短不同。我们认为每个设计师都应该有一个成长路径，应该从最踏实、最基础部分做起，一个团队中，资历深和浅的人都有，成员从项目第一天到最后一天一直跟着项目，与项目一起成长。

我们的设计过程分为四个阶段，包括设计概念、设计深化、设计文件和设计实施。设计概念是对项目进行仔细研究，并与客户进行深入沟通。设计深化是对设计概念进行深化和扩展，在材质、色调、家具和细节等方面逐步具象，通过彩色效果图等形式进行直观表达。在设计深化得到确认后，通过设计文件来充分表达设计意图，从详细到节点大样的各种图纸，到活动家具、饰面材料、五金洁具等的说明书。设计实施是审核各种施工图纸、确认材料、现场答疑、提供施工配合等。前三个阶段主要以设计师做设计为主，第四个阶段为施工做配合。概括起来主要有两点：第一，我们不认为设计出一个很好的效果图或方案，设计就完成了，对于设计师而言，只有设计的项目开业了，并且在实际场景中有很多人使用你的设计才能说真正完成了设计。我们做设计是要给消费者使用，要给业主带来效益，设计成功与否，要看是不是有很多人使用，是不是按照我们设定的方式使用，是不是用得顺手，空间的感觉是不是很舒服，这些才是设计师的最高追求。第二点，虽然表面看设计过程分为四个阶段，但每个阶段有很多具体工作，很多工作前后的对应关系也非常重要。例如有的业主说项目时间很紧，而酒店又分成了公共区、客房、餐厅、宴会厅等，你们设计公司的人多，干脆一个小组一起上，每个人负责一块地方。这是非常业余的做法，HBA 设计的酒店在全球开业的有一千多家，这么多酒店设计下来，总结出一个科学的系统的工作方法，即有些步骤一定要做，有些步骤一定要先做，有些步骤一定要花费多少时间，有些事情一定不能做，这是一个很庞大的、很科学的、很有逻辑性的系统，我们做设计时按照这种系统的方法按部就班地做很重要，不能为了走捷径而使用投机取巧的方法，这样做一定会带来很大的负面效果，也会在别的地方有很大损失。

“对话”

工资不用时间来量化

张湃：员工工资的架构是怎样的？是否量化设计师的工资？

李鹰：工资是基本工资加奖金。我们不以时间来量化设计师的工资，设计师是专业的职业，是白领而不是蓝领，蓝领可以按照小时计算工资，但设计师花在每个项目的时间有很多波动，要把设计做好，就不能以加班时间等来量化计算。

张湃：如果不用工作量来衡量最基层的设计师的工资标准，如果一个人一个月只画了三张图，另一个人画了三十张图，两人拿一样的工资，怎样平衡员工的心理？

李鹰：第一，我们不认为三张图和三十张图的工作量一定有很大差别，有可能三张图很复杂，三十张图只是施工图，复杂程度不同。在我们公司，所有团

队设计师都要参与项目的设计和讨论，不存在只画图的设计师。第二，确实会有一些员工更勤奋，一些员工相对会偷懒，但偷懒的人往往在公司也待不长久。

张湃：按照你们这样的工资结构，有可能员工接一个私单的收入比在公司里得到的还多，经济利益作用下，设计师的流动量大不大？

李鹰：这就是我们公司注重挑设计师的原因。我们收到的二十份简历中，可能有七八人能参加面试，最后会留一个，且每个人面试的时间至少是一小时以上，哪怕他是做最基本的工作。我们现在有120多个员工，工作年限低于五年的不超过10%，当然这个工作年限包括员工进Studio前的工作时间，与很多设计公司比，我们的工资不会比别人高。在美国，HBA的设计师年薪基本比同类公司低15%～20%，但还是有很多人愿意加入，为什么呢？因为招的设计师是真正喜欢做设计，他们希望做更好的项目，在更好的环境里提升自己，而往往在美国的HBA办公室干过两三年以上，离开HBA后，工资一定比别人高，这在美国是很典型的状态。在中国，大多数设计师在学校受教育时就不特别强调对职业的热情及对自我标准的设定，有些设计师自甘堕落把自己当成画图员，画多少图给多少钱，这是把自己的职业标准降低了。

高明亮：我想了解你们公司各个项目的收费标准。

李鹰：项目的收费标准，原则上以设计内容多少作为参考依据，但为了配合国内房地产开发项目，我们对样板房也会参考以设计面积来投价。酒店得看品牌及设计内容，标准不同，收费差别会很大。

设计师的晋升看经验和在团队中承担的责任

张湃：你们的晋升制度是怎样的？

李鹰：我们鼓励设计师往资深设计师发展，我们的团队中永远是比较负责或资深的人做项目经理，他可能是资深设计师、软装设计师或画图设计师，我们不会出现一个项目经理管好几个项目但不做设计的情况。一个刚毕业的大学生需要熟悉一些施工的节点，需要了解材料，可能要画几年图纸，选几年材料，才有机会画一些节点、立面、平面到小设计，最后设计整个空间。设计师需要的知识越来越多，资历越深，工作年限越长，接触团队中更多方面的机会就越多。理论上如果不给时间限制，不给任何帮助，一个设计师也能把项目完成，团队中最资深的设计师必须对项目有综合的控制能力，在这样的团队中，年轻设计师也有学习的榜样。

张湃：晋升依靠考核还是依据项目评定？

李鹰：我们没有考核和评定一说，但每年会有一个review，类似于评定，我们会看设计师这一年做了什么工作，有什么进步，这不是每年定期做，而是一个设计师在项目中表现出更大的设计愿望，我们就会给他机会。

张湃：资深设计师的工资待遇与图纸设计师或软装设计师的待遇差别大吗？从设计师到资深设计师，怎么评定？

李鹰：我们一般不看头衔来定工资，是看经验和工作年限，待遇当然也有差别。设计师积累到一定程度，能够在项目中承担更多责任，能力更强，我们在恰当时会晋升他。我们也有一些比较宽泛的标准，资深设计师基本要有八到十年以上工作经验，在团队中能够承担更多责任，但并不是我们列举的每一条标准都需要符合。

张湃：领导对设计师晋升会起决定性作用吗？如果人为因素严重，怎么公平控制人员晋升？

李鹰：评定一个设计师，团队负责人的意见很重要，还有人事部门。我们公司领导与员工的正式谈话都不是单独的，每年的review，总有人事人员一起。在评定一个员工时，至少有两个或两个以上不同部门且与他有直接工作经验的人来提意见，不可能因为领导对某个人有好感就直接晋升他，我们会很客观的，通过几个部门的人一起来评定。

我们不鼓励明星设计师，而是强调团队

张湃：你们对项目控制人有什么要求？

李鹰：我们每一个团队里都有项目经理、资深设计师、软装设计师、图纸设计师，团队成员相对固定，他们经常一起配合，彼此之间很熟悉。一个团队会同时负责几个项目，如果一个团队接了四五个项目，团队里每个人都会参与这四五个项目，每个项目前后阶段不一样，具体负责人由团队成员自己调配。

张湃：你们公司有没有明星设计师？

李鹰：我们不鼓励明星设计师，而是强调团队，明星设计师类型的设计事务所永远做不大，而且明星设计师有很强烈的个人风格，容易受到风格的局限。我们每个团队都有一个统一的标准，统一的工作方法，对客户来讲，我们团队的服务标准本身就很高，并不因为某个设计师而使提供给客户的服务打折扣，也不会出现某主创带一群设计师离开了，公司一下子就出问题。所以无论从HBA走了多少设计师，其排名总是第一，因为我们不鼓励明星设计师。

和甲方、供应商、施工方平等合作

李康运：签合同时对项目一般有具体完成时间的约定，如果出现延时情况怎么处理？

李鹰：合同上可能提到时间，但不是每个项目都会提到时间。从大方面来说，时间约束不仅是对设计公司，对客户也有约束。比如客户的项目在2007年6月开业，合同就会在此时结束，如果项目拖到2009年开业，我们也会对客户有要求。项目的具体时间约束只有在理想状态下，才可以谈，没有前提条件的时间绝对不能讲。很多客户会提一些惩罚性条款，原则上我们不接受这种条款，必须判断是由设计公司还是别的原因造成的延时。再有我们强调合同双方一定要平等，如果客户提出惩罚性条款，且不得不接受，那么我们也会对客户提出惩罚性条款，双方对等是合作的前提。

张湃：合同和定价谁负责？定价标准怎么确定？会不会有些团队收费高，有些团队收费低？

李鹰：签合同和定价都是由市场部执行，团队只做设计，所以不存在团队收费高低的情况。即使有些团队擅长做酒店，有些团队擅长做商业，从公司角度讲，无论哪个团队，只要是同类型的项目，公司都会保证项目的品质，可能有85分和90分的差别，但不会有85分和70分的差别。市场部与客户谈设计费时，不是按照平方米报价，而是看项目内容多少及其复杂程度，综合考虑后报出一个合理的设计费。在公司内部，我们只需判断一个项目需要花多少时间来做设计，这样签了合同，无论安排哪个团队做，公司的成本控制都一样。

邓晓红：你们公司与供应商的合作模式是怎样的？

李鹰：第一，公司有名声在外，很多供应商很愿意主动把资料放到我们的资料库中，希望有合适的项目时我们会考虑他们的材料。我们对材料会做一个初步筛选，觉得产品合适，就安排供应商给所有设计师做产品介绍，让大家来评判。如果产品确实好，我们会在资料库里划出一块地方，请供应商不断更新和维护。第二，公司的传统是选择任何一个厂家的产品出

发点永远是产品是不是最适合项目，而不是哪家给的回扣多。事实上任何一个供应商都不敢给我们任何一位设计师回扣，任何设计师也不被允许拿回扣，在国外设计师做了这样的事马上会被公司开除，我刚接手上海办公室时也开除过两个非常重要的资深设计师。作为设计师的职业道德就是做好设计，对材料的判断标准是材料对于项目和客户来说是否最合适。

周方成：我想了解你们与施工方怎么衔接？

李鹰：我们希望所有设计师都去过现场，知道所有施工工艺，知道施工中会遇到哪些问题，对施工过程很了解。在具体施工过程中，我们不派驻场设计师，因为前面工作做足，对施工单位的要求也传达到位，碰见问题，他们会第一时间与我们沟通，我们会根据情况，有些到现场解决，有些在图纸上解决，具体怎么解决看具体情况。无论是施工单位，还是家具生产厂商，还是其他合作单位都了解所有工作的目的都是为了把设计师的设计综合地展现出来，所以大家都会主动联系，各人员也能相互理解。

设计师应像导演，为客户提供全过程设计顾问

夏梅：目前软装设计在国内所占比重越来越多，你们的软装设计是额外收费还是涵盖在整个项目设计费中？

李鹰：把软装独立出来是非常不合理的，我们一般不响应这种做法，对我们来说，做空间设计不仅要考虑硬装部分，也要考虑软装部分，甚至连烟感喷淋的位置都要考虑，所以软装设计本身就包含在设计费中。我们只向客户报一个设计费，但会做很多工作，包括考虑照明设计、艺术品设计的配合，甚至定制酒店服务员的制服也要考虑。

夏梅：公司设计还包含CI（企业形象识别）部分？

李鹰：CI部分不做设计，客户有专门的服装设计师，但我们有一定控制，我们认为室内设计师就像拍电影的导演，有专门的照明、摄像、化妆、场景等专业分工，但导演要对所有部分有一定要求。

夏梅：酒店VI（视觉识别）也是由专门的公司来设计？

李鹰：应该由专门做图形设计的公司来完成，但国内很多客户觉得找一个又一个设计公司很麻烦，所以我们也提供这些服务，如果客户需要设计图形，我们有团队可以做，但需要单独签一份合同。照明设计、艺术顾问、图形设计部分对于酒店都很重要，我们可以提供团队，一方面给予客户方便，另一方面大家都在一起工作沟通更方便，配合效果会更好。

Improving The Management Method to Design Personalized Hotel

完善管理机制下的个性化酒店设计

——访达克米勒欧曼事务所

在位于8号桥创意园区二期独具格调的办公室里，达克米勒欧曼上海办事处设计＆运营总监王奇、商务发展经理张功侃和来访设计师们介绍了公司全球范围的概况、坚持的设计理念和代表作品，并聚焦业界最为关注的热点问题，就酒店设计领域的发展趋势、精品酒店设计之要点、行之有效的设计流程管理与运营成本管理等，展开了深度对话。

从超五星到精品酒店，追求个性化设计

《设计家》：能否介绍一下达克米勒欧曼的概况和设计理念？

王奇：达克米勒欧曼总部在美国，现在公司在全球有6个办事处，人数不到200人，虽然不是大公司，但我们更注重的是设计的特色。到中国来是因为拿到一个澳门威尼斯人的项目（赌场酒店、餐饮），业主要求我们到亚洲设办事处。现在中东、印度、美国等地都有项目，上海公司承担了公司全球各地的效果图制作，相比之下中国制作效果图成本较低，而且做起来快。在上海的办公室一直维持在70人左右。我们的设计有什么特点呢？就是每个项目都不一样，都是特别的设计。一方面，老板兼设计总监是美国人，他很少处理行政工作，90%以上的时间都在做设计。我们设计了杭州的J·W万豪、郑州的J·W万豪，但两个酒店的设计风格完全不同，每个设计有各自的特殊性。曾有一位业主说之所以找我们设计就是不想找到一家公司，做出来的设计与它五年前、八年前做得差不多。另一方面，老板是建筑师出身，但从事了多年室内设计，他读书时的专业与古建筑改造设计有关，曾在巴黎、美国和中国做过类似项目。其中一个是ART-DECO风格的上海扬子朗庭酒店。另一个是正在做的上海瑞金宾馆，它是英国殖民地建筑风格，最早建于1890年代，蒋介石和宋美龄在那里结婚并居住过半年多，是一个保护性建筑。

《设计家》：请谈谈您观察到的全球范围内酒店设计的一些趋势？

ERIC D.ULLMANN

科班出身的建筑师，因为激情走上了室内设计的道路，在设计过程中，Ullmann先生以独特的空间视角睿智地分配空间、雕刻线条。

作为生活式设计事务所达克米勒欧曼的总裁，他综合了多年环球旅行时积累的经验以及对时尚的敏锐触觉，形成了一套独特而完善的设计方式。 Ullmann先生居住在上海，管理着60人的办公室，同时还管理公司在香港的办事处。最近与一间总部在柏林的艺术顾问公司建立的了作关系。

达克米勒欧曼公司创立于1989年，从专业从事酒吧和餐厅设计开始，逐渐成长为世界知名的酒店业室内设计公司。公司在美国和中国均有全面运营的设计团队，设计的项目遍布全球包括从美国到加勒比海、再到阿联酋、亚洲以及印度。

王奇：从全球的角度说，中国和中东的酒店是世界第一流的，目前在三亚有中国很好的酒店。除了中国和迪拜，世界上其他的酒店比较少有更好的。美洲有几个，但是不太多，在迪拜也没有很多数量的高端酒店。但在中国，一个海棠湾就有32家酒店，三亚有5个湾，不只海棠湾、清水湾，每个湾都有好酒店。从造价的角度说，三亚、丽江、西藏的酒店造价会高一些，北京、上海、深圳的造价也会高一些，其次是二线城市，如南京、天津等，越往下造价控制得越紧。

前几年公司设计超五星酒店多于五星、四星级酒店，但近两年设计精品酒店较多，四星级酒店市场上也越来越多。近期业主询问报价几乎清一色都是四星级，而五星级的仅有一家。由于我国政策经济下行的压力，业主开始做四星或精品酒店，不再追求五星级酒店，并且更注重造价的控制，这是国内酒店业的趋势。

《设计家》：能否请您谈谈酒店设计和地域的关系？

王奇：这个问题可以与另一个问题一起回答，我们也经常被业主问到酒店品牌的差异性问题，比如万豪酒店和喜达屋酒店到底有什么区别？我们说，三十年前它们有区别，万豪偏保守，有更多古典元素，喜达屋更现代、时尚。但是今天，喜达屋、洲际、万豪这些品牌几乎很难这样去区别。也许在色彩上稍微有些区别，有一些品牌之间甚至连色彩都没有区别。近五年来，四大酒店品牌之间很难找到区别。你到西安这样文化特征比较鲜明的城市去看几个品牌的酒店，会发现它们都在体现地方特色，或者都“没有特色”，都是高端酒店的做法，很难说出品牌的特色。所以，我们一般会告诉业主，酒店管理集团在管理方面确实每家略有不同，但从项目的室内形象来说并没有特别明显的差异性。

《设计家》：您在建筑与室内设计的配合方面有什么特别体会？业主在这方面有什么要求？

王奇：可能今年开始，业主希望建筑和室内配合更紧密些，会更早地找到室内设计公司，在建筑设计时就让室内设计师介入。以前业主都是建筑建得差不多，结构封顶了，才找室内设计师。从这个角度说，室内设计师做的和旧房改造没什么大区别。将来建筑和室内结合会更紧密，设计师需要对水电暖等知识有更多了解，设计更仔细。

《设计家》能否谈谈节能环保的趋势？

王奇：这两年遇见的业主，都会提到节能环保问题。实事求是地说，对绿色要求越高，成本就越高。刚开始业主提了很多这方面的需求，但谈到投资就都缩回去了。真正花很多钱做这种设计的业主，到目前为止我们只碰到过一家。

“对话”

室内设计如何与建筑设计互动

孙铮：我想了解设计精品酒店应该注意哪些问题？从哪里切入？精品酒店设计的核心问题是什么？

王奇：这个问题问得好，我们做过几个精品酒店，设计本身是上海公司做，但软装设计师是为了上海公司而在美国招的。现在的业主认为精品酒店是四星级不是五星级，但他们对酒店设计的要求更高，同时在造价方面要求比前几年做五星级酒店低。我们总结出两条经验：第一，精品酒店投资越低，设计难度越高。为什么？因为设计要有特色，设计师的难度就增大。如果业主舍得花钱，设计师可以用好材料，可以设计大空间，设计就好做；如果业主既要省钱，又要做好，难度自然就增加了。第二，

每个酒店都要有“地方特色”，“地方特色”的涵义与过去有所不同。过去“地方特色”指上海有上海特色，广东有广东特色，北京有北京特色……现在的城市越来越同质化，要求设计更善于挖掘地方化的元素，比如位于西安碑林地区或清真寺地区的酒店，“特色”和“地方化”的表达就不同。

我们在千岛湖设计度假村时注意到：1950年代，为了兴建新安江水电站，淳安两座古城被水淹没，现在人们乘船还能看得到水下的古镇。我们把淹没的世界，逝去的村落，作为酒店的特色。所以在艺术品的选择、室内外空间的设计上，引入了这些元素，这之前没有人设计过，绝对是地方特色的体现。如果只是表达整个上海或石家庄的特色，那就没有特性了。最好能做到让设计只能用在一个地方，甚至隔壁街上都不能做同样的设计。

郝卫东：目前我司也有项目是建筑和室内设计一起做，所以想了解一些这方面的情况。你们在做郑州万豪酒店时，建筑设计方SOM与业主签的合同里已经把设计的深度、公共空间等写进去了，细致到这种程度。那么你们与万豪的合作是什么时候开始的？具体是怎样进行的？

王奇：像这样的新建筑，室内设计基本上在建筑设计方案确定后就开始介入了。我们老板本身是建筑设计出身，他也会向客户提出希望在建筑设计方案差不多确定时介入，这样我们对于室内空间规划的经验可以发挥作用，最后达到更好的效果。

郝卫东：设计过程中你们与SOM之间的互动多吗？你们的一些概念和要求会落实到他们的方案里吗？

王奇：我们觉得理想的状态是：室内做方案时，建筑做扩初；建筑做施工图时，室内做扩初。与SOM的这次合作有些不一样，因为SOM的团队对酒店设计很熟悉，对万豪品牌也很熟悉，我们有沟通，但并不反馈太多意见。比如我们会提出想把什么东西做进去，请建筑师不要忘了。因为每一层、每个角上都要放一幅很大的画，而且画的内容是郑州的某个特色，需要有点空间可以让客人看见这些画。

具体情况也要看开发商。一般来说，之前做过酒店的大开发商有经验，在确定建筑设计时就会开始寻找室内设计公司，他们知道这样整体的设计会有更好的规划。但对一些之前没做过酒店的小开发商，他们会把室内设计后置得很晚。一方面，从成本上看，后期再介入对我们来说成本更低。设计公司的成本主要在于人员，时间一长，管理方、业主方的人员不停更换，相应地会造成很多事情的变换。如果整体建筑差不多建好了，可能整个项目我们只需花费两年时间完成，万豪这个项目我们差不多花了近六年时间。另一方面，我们又希望较早介入，这对我们把控整个项目的设计有利，可以把作品做到我们想要的样子。两者都有利弊，需要平衡。

设计公司的决策、运营机制和施工质量控制

郝卫东：公司内部的决策机制、流程等是怎样的？

王奇：概念、方案、扩初、施工图，这就是流程，每一次都要做业主汇报。有一点是我们和国内很多事务所不同的，就是软装在概念期就介入。软装和概念同时开始，色彩、材料、灯光等一开始就处在一个整体中，而不是将硬装和软装割裂开来。我们非常重视软装和灯光的效果。在做前期方案时，软装设计总监

和空间设计师会共同探讨。开始可能有十个不同方案，有一些发散。当然如果是一个很重要的项目，全公司开会时会将年轻人的不同想法都贴出来讨论，可以同时挑选两三个好的想法继续深入。

我觉得我们最强的优势在于，老板自身是设计师，专注于设计，每个项目都亲自参与和把控，老板更注重做出好作品，而不是以职业经理人的角色来对待项目。老板会要求项目一定要做施工图，这样才能把控最终的产品。

孙德峰：能否谈谈贵司业务的来源？

王奇：我们的项目有一半是酒店管理公司介绍的，有25%到30%是业主通过建筑师介绍的，还有25%左右是我们自己找的。

孙德峰：有没有遇到，要给开发商推荐管理公司的情况？

王奇：有，但很少。我们在珠海刚签了一个酒店项目，业主就问我们有没有合适的酒店管理公司。现在大业主会直接找大的酒店品牌，小业主会考虑找小一些的品牌。我们在行业里做了近30年，他们想得到的品牌我们都有联系。

孙德峰：前两年感觉到经济发展发展非常快，但是这两年，尤其去年，各方面都感觉有点吃紧，贵司有没有这样的情况？

王奇：去年并不是酒店发展变慢，而是酒店数量更多了，但顶级品牌更少了，现在仅锦江酒店就有很多家。很多国内管理公司都在做一些低端品牌的酒店，即便洲际也劝业主不要做超五星、五星级的酒店。我们有一个建筑师介绍的项目，业主要做华尔道夫酒店，但喜达屋酒店管理方劝他们做艾美酒店。毕竟华尔道夫酒店要求每平方米投资1万元左右，艾美酒店每平方米大概六七千元。做了华尔道夫酒店，市场又没那么大，多少年才能赚回投资？从这个角度说酒店管理集团也有压力。

孙德峰：酒店管理公司要出市场分析报告，看多长时间能赚回投资。

王奇：是的，因此有些酒店管理公司会劝业主不要做高星级酒店。但有些业主认为，建筑本身是当地第一高的，顶楼不放一个顶级品牌酒店怎么行？

张功侃：前些年这样的观念很强，原因之一是政府可能对开发商有要求，在拿地的同时须建一个星级酒店作为配套设施……但这两年这样的情况比较少了。

孙德峰：在酒店施工过程中，如何把控方案实施的质量？

王奇：从三个方面把控：第一，施工图一定要做到位，不能只做90%，一定要做到100%。到位是指两个方面：图纸本身和软装、五金、卫生洁具等材料都要到位。施工单位肯定有一些地方不会100%按照施工图做，如果施工图中有一些不明朗的地方，就更有理由做得不一样。第二，施工单位，各供应商，固定家具（包括活动家具）都要有大样图。我们在与业主签合同时提出要审大样图，虽然成本高一些，但一定要派专人审大样图。第三，就是跑工地。我们的经验是，只要图纸到位，施工图材料样板到位，虽不用每天待在工地，但是一个星期要去一次。而且跑工地的人要有点经验，能处理工地上的问题，尤其水暖电方面的问题。

孙德峰：管理和设计似乎是一对矛盾体，老板一心做设计，谁和老板沟通经营管理问题？很多组织都提出过，设计师管理企业可能存在很多问题，贵司在这方面有什么经验？

王奇：每个项目都有一个项目经理，项目经理有一些经验，对设计很熟悉，如果项目经理不懂设计，只盯着钱，大家会很难沟通。另外，一个项目经理不一定只管一个项目，他可以管几个，甚至一年管三个项目。国外公司和中国公司最大的不同是国外公司用小时来管理项目，一个项目花多少小时来完成。

另外，老实说，肯定每个设计公司都有赚钱的项目和不太赚钱的项目，所以碰见赚钱的项目就稍微多赚点，碰见不太赚钱的项目只能少赚点。但我们公司最注重的是项目的质量，如果一家公司出几个不好的项目，在行业里口碑就不好了。当然，很难做到所有项目口碑都很好，总会碰见一两个项目配合不好，或者施工单位做得不好，但我们作为设计师要想办法把每个项目都做到最好。

孙德峰：按照这种项目经理的制度，公司在接到一个项目时，是否有一个对项目成本的评估体系？

张功侃：一般外资公司主要通过（设计人工）小

时来控制项目的成本，我们公司也是如此。每一个项目都会有一个团队来负责对接，项目在每个阶段用时多少，这个信息我们会给到项目经理，每个阶段结束前项目经理都要去平衡工作量和产出。

张迎军：是不是说，公司接了项目后交给一个团队去做，然后给团队一个时间限制？

王奇：我知道有些公司的团队要做到特定项目有多少回报，但我们公司目前不是。举个例子：有一个项目我们只有用1.5万个小时做完才能赚钱，而项目的方案设计要用300到400个小时，方案做到一半发现已经用了250个小时。我们每两周开一次会，这时候必须知道"为什么"，要提醒设计师还有哪些没有完成，是因为我们自己的原因，业主的原因，还是其他原因。我们曾遇到一个项目，每一阶段业主都是一次通过，最后完成时间比我们预计的时间节省了很多。这种情况下，老板也会考虑是不是要放慢脚步看一看，有什么地方可以做得更精细一点？项目是不是可以做得更好？每个项目我们对待的态度都不一样。

还有一个三年前签约的威斯汀酒店项目，以前做过一个方案，中间停下来，去年又做了一轮设计方案，又停下来，今年下半年又会开始设计……这种情况下时间拉得很长，而我们三年前做的设计可能到明年就会过时，要考虑将以前做的设计做一些修改。像这样的项目赚钱会很少，甚至不赚钱，但不能因为不太赚钱就不把项目做好。每个公司都有这种项目，赚钱可能比较少，年终时就要考虑怎么补偿。

孙德峰：这种情况与业主谈合约时，怎么考虑这些风险？在合同条款里有没有显示？

王奇：有些可以写进合同，有些则很难。有的业主很好说话，对于三年前签约的设计，现在还没有完成，我们提出追加一些设计费，双方商量，我们说加十块，他说只能给五块，最后协商下来他付了七块五。有些业主很难商量，我们说加十块，他说只能给一块。怎么办？我们也就说算了，给我两块也行。而且我们总要给业主解释，这不是为了多要钱，而是为了把项目做好。如果完全亏本给你做项目是不可能的事情，我们为了项目好才这样。

许晓东：一般贵公司做四星级酒店和五星级酒店收费标准是怎么样的？

王奇：这与业主对项目的投资和定位有关，有时候我们做一个四星级酒店，虽然是四星，但是旗舰店的标准，我们差不多会按照五星级的标准来设计。收费方面，要看酒店的品牌和规模、功能等而定，一般在300到800万之间。这个问题很难简单说清楚，比如一个五星级酒店3万平方米和五星级酒店5万平方米，收费肯定不一样。而且我们不按面积来收费，因为它毕竟是一个大的建筑体，我们还是要针对个体的项目，空间主要的功能和业主所期望的设计的复杂程度来决定收费标准。同时，与业主方的沟通很重要。我们要有自己的特色，要遵从客户的某些想法和意见，但又不能完全听从客户的想法，必须要有自己坚持的东西。

业主有时要求很离谱，有时要求不太离谱，但离设计太远。我曾遇见一位业主用三星级的投资，要求设计出五星级的效果，我告诉业主这在现实里不可能实现。如果脚踏实地做事情，就得承认花三星级的投资做出来的酒店是三星级的效果。如果我把酒店大堂和宴会厅做成四星级的效果，那么客房在三星级里感觉都是差的，因为钱用到别的地方了。

在项目前期，业主方可能对设计提出要求，后来因为成本和工期压力，再加上施工方尽量简化施工，业主方就会把我们设计的东西改得更简单，怎么容易怎么做。这种情况，我们作为设计方必须有所坚持，不能完全听从客户和施工方的要求，否则做出来的效果离我们原本的想法会很远。

作为设计师，我们有责任在项目设计过程中慢慢教育业主，让他知道设计是做出来的，不是你想怎么样就能给你变出来。通过不同的方式，在不同的阶段告诉业主怎样的设计才是好设计，怎样的空间才是好空间。我们是很幸运的一代人，在这个国家有这么多机会，有这么多项目，在这个行业里这几年设计师、设计公司不赚钱的很少。我在美国待了20多年，这些年美国并没那么多项目可做。

French Designer's View of Chinese Culture and Practical

法国 80 后设计师的中国文化实用观

——访上海创意设计事务所 Dariel Studio

中国设计市场前阶段的快速发展与机遇，吸引了一些西方年轻设计师来到上海工作、创业，在文化的差异和碰撞中寻求市场定位和创作方向。来自法国的 80 后设计师 Thomas Dariel，出生于家具、建筑设计及艺术世家，7 岁时梦想成为设计师，24 岁来到上海，开始了自己的创业生涯。“最开始适应中国市场和客户的这一过程是非常困难的”，为了适应中国市场，实现设计师在项目中应有的核心位置，Thomas 花了很多时间和精力，逐渐以机智有效的沟通方式和优秀的作品取得了在业主方的话语权。在将近 10 年发展中，Dariel Studio 的项目类型多元化发展，包括精品酒店、餐厅、高端住宅，尤其重视家具设计，并创立了自己的品牌 Maison Dada。Thomas 说，自己深知自己的设计并不是最好的，仍处于不断学习之中。周庄花间堂精品酒店和上海外滩贰千金餐厅，分别是工作室最早的代表作和最新完成的项目，作品中交汇了东方和法式文化的特质，结合传统与创新元素，给人以审美和精神的愉悦。

Thomas Dariel

上海创意设计事务所 Dariel Studio 的创始人及主创设计师。2006 年来到上海，创立了自己的室内设计事务所。Thomas 的作品获得了设计行业的高度认可，也成了各大国际奖项的座上常客。Thomas 拥有自己独特的设计风格，擅长突破设计界限，将其个性签名延续到了产品设计领域。2014 年，Thomas 个人的家具、灯饰和家居饰品品牌 Maison Dada 便诞生了。

Delphine Moreau

Dariel Studio 合伙人、总经理；Delphine 毕业于巴黎政治学院国际事务专业，并获创意产业项目管理硕士学位；

在法国外交部工作五年后，她创建了民间组织，致力于完善欧洲创意交流，为创意领域相关的所有组织机构和专业人士提供法律、金融和行政服务。2008 年来到上海，开始了与 Thomas Dariel 的合作。凭借对设计的热情，她参与室内设计事务所的运作，主要负责创意与服务。Delphine 是 Maison Dada 的两位合伙人之一。

困难中寻找设计师的核心位置

《设计家》：能否简单介绍一下您和您的事务所在上海创建和发展的过程？

Thomas Dariel：我于 2006 年从巴黎来到上海开设了 Dariel Studio，事务所在中国经营了十年，主业是做室内设计的。在这十年中，中国的设计市场和运营市场飞速发展，我非常高兴能在此看到中国设计市场的进化，也非常高兴 Dariel Studio 能够伴随着中国市场的发展而发展。最开始适应中国市场和客户的这一过程是非常困难的。如今，公司项目已经遍布全中国，近两年，又回到欧洲做一些设计。在欧洲，设计师位于项目的中心位置，所有的工作是围绕着设计师来做的。而在中国却是另外一种情况，设计师往往缺乏话语权。为了适应这种情况我花了很多时间，现在已经慢慢地成为了项目的中心者，在与客户交流、进行市场对接方面已没有什么太大的问题。公司现在也是伴随着中国的市场、中国的进化在改变。公司项目并不局限在一个类型中，酒店、餐厅、样板房等很多的领域都有涉及，尽可能地把每个方案做好，在每个方案中去体验，去解决问题。

Dariel Studio 的办公室原是一个英国家庭建造的别墅，建成于 1920 年代，英国人走后，此处就变成了一个女子私校，我非常幸运能在这个小别墅里面工作。Delphine Moreau 是公司合伙人，也是我们的家具品牌 Maison Dada 的创始人。

我 7 岁的时候有一个梦想，就是成为一名设计师，开始做设计的时候就非常喜欢做家具。公司家具品牌大方向是我设定的。经过多年努力，两个月之前，我们自己的家具品牌 Maison Dada 正式亮相。第一个系列由我设计，但我希望邀请更多中国设计师一起合作，发挥他们的创意。“Maison Dada”明年会参加纽约、米兰的展览，这一品牌也将在全世界的设计展示平台上得以公布。最近一些家具的设计灵感都来自于中国，公司在中国的发展虽经历很多困难，但在此也学到了很多，在中国发展具有无限的可能性，是很有未来的。

传统与时尚，东方与西方的交汇共生

《设计家》：能否为我们介绍一下公司的几个代表性项目？

Thomas Dariel：周庄花间堂精品酒店是公司的成名作。花间堂的建筑有百年历史，具有深厚的历史文化底蕴，这一建筑原是已经非常老旧的周庄博物馆，改造时把它所有的内部空间全部拆掉、打通，重新做了建筑结构，但保留了建筑的外立面。为了使它具有精品酒店的功能性，采用了重新把地砖一块一块搜集好，在底下重新铺了水暖以后，再将其盖回的方式，经过复杂的工程完成了精品酒店的设计改造。虽然和原来的样子完全不同，但有些部分保留了下来。花间堂精品酒店采用了“二十四节气”的理念，

外滩 22 号的贰千金餐厅是公司最新的案例。也运用了很多东方和西方相碰撞的元素，因为这个餐厅是做新亚洲菜的中国餐厅，外滩 22 号作为外滩建筑群当中唯一一个外壁是红砖的建筑，它就像一个穿了红裙子的女孩子一样，因此以“贰千金”为名，将女性的元素融合其中。餐厅入口处做了一个艺术装饰，是用打破的瓷蛋做成的，瓷蛋里面做了很多手绘、银饰，是很西方的艺术装饰，但是它的内容又有很多如瓷器之类的中式元素；吧台区域同样也用到了很多中式的元素，悬挂的所有东西都是宣纸条，在它的另一边用到的是毛笔，毛笔和宣纸的搭配其实也形成了一组对比；第一就餐区用到的装饰是卷轴，慢慢地铺开，就会有一个人的背显现出来，纹身图案是客户比较喜欢的元素，做在此处，也使餐厅极具东方色彩，但从整体看，还是具有非常现代的设计感觉；其他几个就餐区天顶的使用和设计非常独到，每个地方的天顶都是用软膜天花做的，配合各种灯光系统，营造梦幻、无影的室内灯光效果，在灯光的映照下，每一处天顶都有变化。另一吧台区域更偏现代一些，有点工业风的感觉。环绕的铜管和周边穿插的丝织在这一区域内形成对比，有一种东方纺线的感觉；承重柱子当中的这一区域并不好做，想出了一个比较特别的创意，通过有趣的设计，在两根承重柱之间用绷带缠绕出一个半开放式的区域。在贰千金项目中就用到了 Maison Dada 的 Object of discussion 吊灯，和整体的环境是非常的相称的，让人有种大红灯笼的感觉，实际上它又有非常西方的感觉。它其实是一家非常高档的餐厅，因为预算非常有限，为了达到比较好的效果，所以在设计上的空间安排没有使用特别华丽的一些装饰艺术，普遍比较简单，但是搭配在一起给人耳目一新的感觉。

文化对比和冲撞下的家具创意设计

《设计家》：能否具体为我们介绍一下“Maison Dada”？

Thomas Dariel：在今年的设计上海期间，公司发布了酝酿已久的家具品牌 Maison Dada，发布活动选址就

是在我们办公室内，整个办公室全部清空后重新做了设计，在厕所区域，我们在洗手间古老的花砖中间放置了一片吊灯，这个灯的名字叫 Little Eliah，设计中的对比和冲撞是我设计灵感的源泉之一。这盏灯的外形是台灯的模样，但是又把它挂在天花板上使其成为了一盏吊灯，这种对比让他觉得特别的有趣，而且这些灯的色彩丰富，它的罩面是白色，但是里面是彩色的，给人一种冲撞、活泼的感觉。

每个产品背后都有非常多的故事， Family portrait 橱柜也是中西合璧的一个典范，因为在西方人的眼中，像这种样式的柜子就是中式橱柜。我们将其重新改良成了多个盒子的橱柜。如此改造的原因，是因为我觉得在家庭当中围绕着橱柜会发生很多的小故事，比如小朋友摆放物品时会产生一些纷争，于是就设计了很多的盒子，就像家庭成员也有不同的性格一样，这个柜子有大有小，每个都是不同的，家庭成员都可以在这个柜子当中找到属于他的空间。关于材料室空间改造。当时用白纱把所有的柜子都覆盖掉了，做了一个非常梦幻的空间。在这个梦幻的空间中展示的是梳妆台系列，都是比较清雅的颜色。它的设计理念也比较特别，我们的产品叫 "Maison Dada"，Dada 意在向达达主义致敬。达达主义代表人物 Marcel Duchamp 曾经说过说过每个男人体内都有一个女人，把自己体内的女人叫做 Rose Sé lavy，在晚间穿着裙子参加派对，所以我们就以这个有趣的小故事为灵感设计了这样一款梳妆柜，其实它的款型是完全复古的形式；材料室的另外一边，展示的是一个落地镜和一个摇椅。落地镜叫 2πR，在西方，落地镜完全是一个装饰性的东西，我觉得现在中国的落地镜都是功能型的，没有任何的装饰性，于是设计了一个有点像卡通人物一样的镜子，有身体、三只脚，还有有圆圆的脑袋。这个镜子是 360° 可转的，它的另外一面是木头，如果把它放在卧室的地方，觉得不方便的时候，把它转过去就可以了，也不会产生任何的风水之类的问题。落地镜侧面上的线条是非常极简的，感觉非常现代。在我的印象当中，摇椅不是一个非常现代的产物，可能是一个非常复古或者是美式的感觉，把这个摇椅的形状做了变形，使它的整体非常抽象，给人一种非常现代的感觉。

其中一间设计师的办公室改造为铺满绿草的童话空间。其中放置着一张彩色的 Sonia et caetera 餐桌，既可作为一张餐桌，也可用于游戏。桌子整体的台面的图案是来自于一个法国非常有名的女艺术家 Sonia Delaunay，我们采用的是她其中的一个作品，进行了重新的调色、设计变形后产生了这样的效果。另一个漂浮着蓝天白云的空间，我们展示了 Confidence of a cloud 写字桌。对设计师来说，能拥有属于自己的空间进行遐想是一件很奢侈的事情。Confidence of a cloud 除了可以书写办公，打开其中一扇柜门，里面藏有一片蓝天白云，供使用者恣意畅想。柜子的功能也做了一些改进，每个柜子的开合方式是不一样的，而且柜体里面是有供电脑线穿行的细节设计。我们很高兴，因为这个款型虽然以前是从西方来的，但是收到了非常好的效果，Maison Dada 的 Lazy Susan 咖啡桌，它也是中西合璧的综合体项目，咖啡桌是西方的家具形式，但是我们在上面放了一个圆台面，这个圆台面是可以转的，就像中国人吃饭的圆台面一样的，我们在这个圆台面和咖啡桌上都设计了比较抽象、不对称的颜色；所以在这个圆台面旋转的过程当中，整个桌子给人呈现的效果是完全不同的，它是每时每刻都在变化之中。

前面介绍的两个代表作品，一个是精品酒店，一个是餐厅，实际上高端住宅也是公司现在比较重要的一个领域之一。我们从来不想说自己是最好的或者是最棒的，很清楚地意识到我们是在事业刚刚起步的阶段，有很多东西要去探索，也非常清楚地意识到我们还有很多问题以及我们要怎样去应付，怎样在进步的过程中更加坚定地找到我们需要的风格。我也知道各位都是属于苏州周边设计公司的老板和设计总监，我们的态度是非常的开放的，如果大家对我们的品牌的定制方面有什么需求的话，也不要忘记找我们，我们会很乐意给大家寻找解决方案。Maison Dada 的产品是非常欢迎设计师合作的，你可以为 Maison Dada 设计你的系列。我知道并不是世界顶级的设计师才是我们唯一需要的人才，设计只分有天才和无天才，并不分有名和没有名气的。大家如果有好的创意的话，也可以积极地跟我们洽谈合作，为我们设计属于你的 Maison Dada 系列。

“对话”

王华：您一开始进入中国市场，是如何实现设计师向项目核心地位转变的？具体是如何做到的？

Thomas Dariel：这是一个非常漫长的过程。起初，作为一个老外设计师在中国做设计是非常艰难的，我一直在非常尽力的倾听甲方的想法，跟他们交流、对话，也做了很多的试验和实践性的内容，是慢慢转变的。我和我的团队一直在坚持，始终坚信我们是做设计的、是专业的，这个理念一定要传达给甲方和客户，只有这样才可以把我们的身份和地位转变过来。另外，就我个人而言，还有生理上的优势，因为我的体型，可以在跟甲方会谈、冲锋的时候，在体积上给他们压力。公司也非常重视PR这一块，公司在跟媒体对外的关系上面，跟很多家的媒体都有非常良好的合作关系，通过不断的曝光我们的作品和项目，在业界有了一个很好的口碑，从而也得到了甲方的承认，这样就会变得越来越知名，优势也会越来越强。

王华：设计是最好的名片。

唐超乐：我主要是做建筑设计的，对你们的花间堂项目比较感兴趣，每一个设计师面对改造的酒店的时候的时候，都要考虑到底要保留什么？再现什么？不知道你在当中处理这些环节的时候，面对了怎样的取舍？取舍的原则是什么？

Thomas Dariel：对于我来说，老的东西一定是好的，我会尽力把它保留下来，比如说建筑的结构、窗户、门等等这些本来就是这个房子里面非常重要的一部分，于我而言最重要的是结构，这是不可以破坏的。因为房子已经老旧，墙体都会散发出来某些味道，比如说花间堂的这个空间，解决了噪音的问题、味道的问题，我会在保留主要结构的前提下，把有问题的部分全部拿掉。把这个老建筑里面所有窗户拿下来标号，再重新找当地的师傅和工人去做，然后把地板等等的全部标上号码，重新利用。

唐超乐：您刚才提到的老的物件可以保留下来，重新编号再应用的时候，有没有发现更有趣的一些方面。您做的挂灯我非常感兴趣，像吊灯又像落地灯，有一种错位的感觉，您在利用老物件的时候，会不会也运用这样的手法？

Thomas Dariel：我们把这个窗户拿下来会做成桌子或者是做成墙体的装饰面。就像我刚才说了，窗户拿下来，可以把它放置在空间的某一个地方，做成一个装饰的一部分，跟这个空间融合在一起，这是一个创意性的东西。

万浮尘：看过两个项目后，我感觉您的作品都很有活力，您对东方文化里中国的禅宗文化，对空间的禅意是怎样理解的？如今，我也在我的工作室做一些产品设计，比如说像民俗酒店的这种产品设计，我也希望大家能合作、交流。

Thomas Dariel：这确实是一个很难的问题，因为我现在身处在两个文化中，中国的文化历史悠久，是一个发展非常缓慢的文化。法国文化是属于非常短期的文化，但非常的丰富，法国文化在短短的几百年间发生了非常多的事情，有很多的变动和改革，这两种文化是不同的。比如说像唐代、清代、明代，可能几百年才是一个朝代。但是对于法国人来说，我们的历史是以世纪为单位的，基本上过一百年，就是一个完整的历史了。对于我来讲，我觉得尊重文化并不是全盘肯定，我并不是非常崇拜中国的历史、中国的文化，而是从中得到灵感，从中提取某些元素。可以说，我是一个实用主义者。中国的历史当中有我需要的东西，有我可以学到、可以利用的东西，因为中国文化有很多的特色。Maison Dada 是将来要进军国际的一个品牌，是一个面向所有人的品牌。所以我们也非常希望把我们中国的一些文化传达出去。

万浮尘：我所说的禅宗文化，其实您的作品当中实际已经有所体现，您已经学到了中国的这种文化，因为禅宗的概念是随形而行，随势而为的。不是说我们所说的禅宗就是苦禅的意思，东西方的文化是共存的，这一点我很赞同。

Seek The combination of Design, Management and Brand Building

寻求设计、管理与品牌建设的“三位一体”

——访大观 · 自成国际空间设计

从2000年至今的15年间，是中国房地产行业快速发展到理性回归的阶段，也是台湾设计师连自成在上海创立的大观 · 自成国际空间设计从起步到不断成熟，建立并拓展品牌的阶段。在大观 · 自成国际空间设计位于上海古北简洁现代的办公室，品牌经理朱婷向来访设计师介绍了公司目前的业务范畴，坚持的理念以及未来的品牌运营、设计师培养计划，设计总监连自成以大观 · 自成在大陆市场15年的设计实践，清晰地折射了中国房地产设计市场的演化过程。连自成坚持品质的设计理念给来访设计师留了深刻的印象。同时，他还分享了目前大观 · 自成国际空间设计采用的管理模式，将流程系统化，以及在标准化流程下激发设计师创造力的方法：以头脑风暴式会议鼓励包括助理在内的所有人提出意见，集思广益，共同分享设计概念，让项目更有效地进行。在设计师普遍关注的人才培养方面，提出应从创意、思考、目标、责任、激情、社交能力等方面培养设计师的综合能力。

建立品牌才能走得更远

《设计家》：能否简单介绍一下大观 · 自成国际设计擅长的项目类型与风格特点？

朱婷：大观·自成国际空间设计事务所由台湾设计师连自成创立，在上海成立已经超过十五年，设计范围包括五星酒店、豪宅、会所、精装修样板房、商业空间。连总监在设计领域有自己的风格和定位，以精装修为出发点。考虑到这些居所是人们长期居住的，所做精装修绝非是那种视觉性的设计，而是通过每一个动线的设计、每一个细节的考量让居住者能感受到细致的关怀。所以这也是大型地产集团跟大观 · 自成长期合作的原因之一。

设计风格方面主要分为大都会、新古典、新东方、新法式四种类型，因为专注市场定位比较精准，所以具备了一定的竞争力。作为一家台湾设计公司，也希望能在大陆保持公司的设计本质，以创意、创新的主轴，保持自己特有的风格。就像做奢侈品一样，必须要有自己的风格和可识别性。这四种风格不会一成不变，结合市场和潮流而前进。同时，公司注重个性定制，从建筑感、文化理念、时尚及艺术出发。

连自成（J.K Lien）

大观 · 自成国际空间设计 设计总监

英国De Montfort大学 设计管理硕士

出生于中国台湾台北，后深造于英国De Montfort University并取得MA Design Management设计管理硕士学位。游学英国期间，游历欧美各国，深受欧洲深邃的文化生活的熏陶，为设计的创意思源和风格奠定了一定的基础。之后转至上海，继续执着于室内设计的行业，并与各大房产商屡创精彩的设计佳作。Mr. 连有多年的室内设计经历，其专案分布海内外，从豪宅、会所、酒店至大型商场都有知名业绩及奖作。

近期主要作品包括，与复地集团合作复地御西郊会所和样板房。通过沟通与探讨，和甲方讨论未来的趋势，市场定位在两三年之后，最后达成一致；与长期合作伙伴宝华集团合作的一个别墅项目宝华海尚郡墅，新东方风格，设计的挑战是处理地下室的空间如何考虑自然光线的运用，不会让人觉得身处地下空间；另外与绿地集团合作的海珀璞辉售楼处，是现代东方风格，它地处大学城，受周围的环境影响，甲方希望做一个更具人文化的概念。我们将其做成新东方风格，在整体环境上，木质、山水得到运用，还将书法等元素引入其中，很契合"东方书院"的主题概念，跟楼盘的定位是相符的。这些都是市场反响非常好的作品。

《设计家》：近期有怎样的发展规划？

朱婷：公司发展，是一个长期过程的构想。预期在两到三年之内，将大观·自成拓展成针对不同市场需求的细分品牌。大观·自成针对高端市场，负责空间设计，大观·茂悦由公司一个部门发展起来成为高端软装品牌； 大观·展茂，将会更多地负责全国性的室内设计项目，这些城市需求的风格不同，且都有自己的特色，他们更加有弹性且适应其市场。相对而言，大观·展茂会更灵活些。两者在风格上有所区别，总的来说，核心价值观是以大观自成来倡导的。在 VI 系统方面，公司也给予重视，希望做到更专业，各品牌区分更明确。

《设计家》：贵公司为何要强调品牌建设？

连自成：公司现在主要关注三部分，一个是管理，包括商务、内部行政等。二就是设计，这也是核心部分。首先概念和方案要做好，然后整个过程的每个环节都要严格把控，包括施工现场的监控等。现在还有另外一个挑战，那就是建立品牌，因为建立品牌才能够让一家公司稳定下来，才能把作品的魅力散发到各个角落，或是说变成设计过程中的沟通能力，所以请专业领域的人来协助，朱婷是在意大利是念品牌管理的，观念和我比较契合，而我在英国读书时也学习了市场营销的课程，内心多少有一些这方面的观念。管理、设计、营销这三块是我们都要做好的，我们也尽量让专业的人员专人专职去做。

《设计家》：品牌经营和维护上有何举措？

连自成：做品牌建设这一两年里，整个过程就是在找自己，去反问自己：公司的特征是什么？你是谁？在市场的定位在哪？未来要走向哪里？不断地讨论品牌方向，对自己有很大的好处。其实公司有段时间跟媒体比较疏远，因为我觉得那时候公司有些名气后，浮躁是不可取的，应更专注地把作品做好。

对于设计公司，人才就是最大的竞争优势，所以品牌推广出去之后，可以为公司带来优秀的设计人才，这是最重要的。当然，品牌对于我们发展分公司也是很重要的。

至于公司怎么经营品牌，我觉得首先是要有一种态度吧，因为在去年，整个室内设计界好像变成了一个很大的秀场，"大师"满天飞。我们希望在乱流之中还是要坚守自己，不要随波逐流。我自己的设计生命，至少在 50 岁之前，还是要专注于看图、讨论设计，我的热情在这上面。可能等到年龄再大一点，会多参加一些对外媒体活动，我认为设计师也要去规划自己的年龄段，以及要去做的事。

找寻市场和设计师自身的平衡点

郝卫东：我自身作为一个建筑师和设计公司的领导者，可能跟您的角色也有些相像。您说有一个使命，要成为一家优秀的设计公司。我们也有一个使命，就是要做中国可持续建筑的践行者。您设定的一流设计公司的标准是什么？能否分享一下您对使命如何落地问题的看法？

连自成：一个设计师首先是加强自身的修养，再慢慢把设计理念扩大到公司层面，让所有人一起参与。但是，这个高度又是阶段性的，是慢慢达成的。设计师首先要把设计做好，进而带动其他设计师的发展。在设计师成长的不同阶段，公司也会随之一起成长。所谓好的、优秀的设计公司，需看怎样界定。设计公司还是应该要找到自己最擅长的部分。我的方式是，先去想明白自己喜欢什么，而这可能会随着年龄的增长而变化。比如说，年轻时，我喜欢造型比较强烈的设计，追求形体上的如体量、线条的力量……随着年龄增长，就关注到更细微的部分了。室内设计并不像建筑那么硬，可以从各个角度看，也可以从时尚的角度去了解。于我而言，我可能更喜欢有大体量框架的空间，细节的部分跟日常生活和时尚相关联，追求某种品位，抓住某个味道——从电影的角度，或者可以从文学的角度去思考。

我觉得所有的优秀设计，有设计师的认同，也有第三方的认同，这是最好的一种状态。当然，可能有时候会相反。我个人觉得更重要的应该是设计师自身的认同。每三年到五年，我会做一个大的调整。室内设计有一种趋势，大概五年会有一个大的改变，那就跟着国际潮流趋势的方向去调整自己的设计。

郝卫东：刚才朱小姐介绍说大观·自成的几种风格，项目上以现有的样板房和会所为多。实际上，现在我们还是需要通过一些公共的建筑和场所，去鼓励和教化人们懂得并享受高品质的空间。未来在项目的选择上，你们会不会选择一些民众化的公共空间设计？

连自成：都有可能。作为一个设计师，面对新的空间类型时会有一种挑战的冲动。我当然很希望去做其他类型，但是一定坚持品质，把手上的东西做好。

“任性”基于品质　品质源于坚持

孙铮：请谈谈您在设计中坚持品质至上，以及品牌文化建设方面的体会和经验。

连自成：公司一直在跟甲方奋战的过程中实现自己。每家公司都有不同经历，也有不同的生存方式。我们来大陆时，刚好是房地产行业起飞，其实要经历很多熟悉和摸索的过程。就图纸而言，台湾的图纸跟大陆的图纸完全不同，我首先要去了解所有的符号，画图的方式、施工工法等。在2000年，大陆很多物料并不齐备，很多设计师都认为我抓住了好的时机，其实当时也是有困难的。那时项目很多，业主虽比较容易沟通，愿意听设计师的想法，尤其是作为台湾设计师本身有些优势，但要说服他们也是很困难的。总的来说，困难和优势并存。

对品质的坚持，是先前在台湾工作的过程中慢慢体会出来的，从那时开始思考，国外，西方是如何从遥远的地方来控制东方的施工品质？这个过程中给予我很多深刻的体会，特别是这些品牌对品质的要求——当然包括图纸的品质，对工艺细节的控制。所以我认为，控制品质，首先要从自己做起。

我们在公司内部使用世界一流的家具，其目的就是时刻提醒员工关注品质。用自己的内心去感受、体会，并在慢慢积累后释放到作品里。我觉得在上海做设计，欠缺的就是甲方及设计师对品质的追求。很多设计师很有才华，设计做得很好，但是怎样坚持把它做到细致，让细致的品质感动人呢？同一个设计案、同一个图纸在台湾、大陆做，或者放到日本做，可能会有很大的差异。

这十多年来，也看到很多中国优秀的工法。一个好的设计公司当然要追求好的项目，我们期盼与注重品质、承认设计价值的甲方合作，一直在追求和我们内心价值相匹配的业主。

我们一直很坚持一定要和甲方谈到想要的结果，觉得这是对设计的尊重。其实我也跟业主有过争执。需要忍让的时候可以去沟通，不可忍让的时候一定要告诉他。我觉得这种态度通常都会被谅解。因为你的出发点其实是对设计的要求，所以甲方通常也会理解。所以说，设计师也会“任性”。和甲方开会的时候，可以直接去谈设计上的问题，有的人讲话战战兢兢，带着很多商业上的考虑，但设计师不用这样。我们经常会遇到业主，你如果顺从他，他最后就问一句，到底你是设计师还是谁？你到底要把自己放到哪个位置？

其实回想起来，自己的很多进步和成长，其实是来自于跟甲方的冲突。如果他很大力地反对你的设计时，你也要站在他的角度去想一下。重要的是，哪些话可以听而哪些话不可以听？如果有道理，那我全盘推翻重新做都可以。并不是说设计师要从头到尾没有理由地坚持着到底，还是要有分辨的过程。盲目的坚持就变成耍大牌了，不应该是这样的。

你很辛苦地做每一个动作，就是为了这个作品，最后它成功了，看到自己的作品最后完美呈现，这是很感人的。但我感觉最糟糕的也就是，天哪，怎么会变成这样？设计师也是不断地在这两个状态轮回。

孙德峰：现在大观·展茂会更多地运作二三线城市的一些项目，这意味着他面对的客户群体和工作环境可能会不同，那么大观·展茂怎么样去坚持大观的设计品质？大观茂悦与其他品牌之间的关系是怎样的？

连自成：大观·展茂的成立的主要想法是：这十五年来，公司的很多设计经验已经比较成熟。由于客户和我们的市场定位不同，没有与我们合作，这对我们来说也造成了客户资源的错失。

所以我觉得未来大观·展茂，甚至其他的分公司，可以持续发展下去，这也是通过一个品牌的力量去慢慢扩张分公司。当然，一定是要先做好基础。我们希望服务更多的区域，也是希望我们的设计能走得更远。

多面向培养设计师，核心点还是设计

《设计家》：公司如何培养设计师？

朱婷：对于公司而言，设计师是不可少的一个核心价值。在人员流动问题上，人员与公司毕竟存在着是否契合的问题，我们希望在公司的品牌文化下培养人才——公司有了品牌文化，设计师认可了公司的价值观，双方才会得到发展。此外，公司也应该解决员工的发展问题，为他们创造梦想和未来，让员工知道如何得到学习和晋升。

设计师最大的弱点在于容易专注设计而忽视了管理。其实，设计和管理都很重要，设计师不单要把创意和设计做好，还要跟别人协作好，同时还要进行团队合作、创意、责任、激情、社交能力、目标、思考、忧患意识、技能等方面的培训，才能发挥更大的价值。设计师的这种沟通能力是可以培养出来的，也是公司必须主动培养的，目的就是让设计师知晓相应的思维逻辑。

孙德峰：回顾大观·自成十五年的发展历程，这里边有多少人是跟您共同走到现在的？您觉得，一个员工要做到比较高的层面的话，需要多少年的培育？通过什么样的手段去留住公司里一些比较关键的人？

连自成：在上海，设计公司的管理层人员和设计师的流动，这很正常，我们自己打工的时候也是这样的，员工也在寻找自己设计生涯的方向。从我自己的经验来看，如果他认真去做，四年里能够做到了解我们公司的设计，可以独当一面做设计，跟我也有了一些默契。会留下的就是会留下，不会留下的就是不会留下。员工如果跟你的想法比较接近，追求的目标也接近，同时认同你操作的态度，心里认为自己将来也想做类似于你这样的设计师，那他肯定愿意留下参与这个工作。

张迎军：如何激发团队的创造性？

连自成：在设计管理上，大观·自成现在尽量走精准化的设计流程，整个设计的过程有8道流程、13个标准。商务部签约后24小时，项目设计就会启动，召开启动会议，由商务部对设计部进行交接，解说项目的任务目标、时间要求等。设计公司可能在初创的阶段比较严格，而公司现在就比较开放，尽量鼓励大家。比如大观·自成设立的台北创意中心，台湾和上海在创意上进行PK，就是为设计师营造一个鼓励的、充满挑战的氛围，鼓励他们多学习，多发表自己的想法，而不过多地批评。我平时比较忙，但是我会接触到每个设计师，并为他们指出问题。

孔令涛：您在提炼核心理念时，用了一个非常好的词“建筑感”。室内设计师如何去培养这方面的素养？这跟台湾建筑与室内设计教育有什么关系？

连自成：我个人在建筑设计事务所工作过两年多，自己也很喜欢建筑。二十几岁的时候，我对当代建筑设计非常关注，在欧洲时也会经常游学考察建筑，这些对建筑的感受一直影响着我的设计，会提醒我不要让室内设计钻在细节里，陷入那种过度装饰之中。把室内当成建筑做的话，思维会比较开阔。室内设计师如果只关注室内，视野可能会窄，所以尽量要去看一些大体量的东西，从建筑的角度来看室内设计，思维会比较开阔。我会鼓励我们的设计师，像追星一样去认识当代的建筑师。

孙德峰：您觉得，二三线城市的设计师和您的差距在哪儿？您对我们有一些什么样的指导性意见？

连自成：每个公司它都有自己的发展阶段，就像阶梯一样，是不可能跨越跳出的。我喜欢室内设计这个行业，是因为它是比较扎实的经验和知识的积累，需要一步一个脚印，一个台阶一个台阶地慢慢爬上去的。

大观·自成刚来大陆时，一年至少要接三四十个大大小小的项目，但是在考虑生存的同时一定要考虑未来的发展，知道自己将来要达到什么样的高度。虽然那时业务繁忙，但我们会预测十多年以后大陆的室内设计市场状况如何，并且开始做准备。

二三线城市的设计师和上海相比，我觉得应该没有太大差异。上海有差的设计公司，二三线城市也有非常优秀的设计公司，有些年轻设计师和公司就做得很棒。我觉得完全没有必要说二三线的设计师就会输给上海的设计师。

孙德峰：从设计上来说，我感觉不存在信息闭塞的问题，是不是在设计管理或者是在设计营销方面，我们欠缺多一些？

连自成：我其实不是非常了解每一个公司发展的状态，我们也可以很透明地让你们看到我们的公司，你们可以直接去比较什么地方存在着不同，什么部分你们可以吸取经验。我总觉得还是要回到那个主题——设计。我不是商人，在甲方面前也是如此。很简单，我就是设计师，我的目标就是把作品做好，其他的如管理、品牌运营也都很重要，核心点还是设计，产品是最重要的。

The Real Life of A Tawanese Designer In Shanghai

一位台湾原创设计师在上海的真实工作状态

——访赵牧桓室内设计研究室

台湾设计师赵牧桓位于上海耀江国际广场的设计研究室，几年就已设计建成并在国内外媒体多有曝光，但至今看来仍不失前卫时尚，清楚地表明了设计师追求创新的态度。8月14日，赵牧桓和往常一样，第一个来到办公室工作，一边改图一边等候中国设计精英之旅活动长春设计师的到访。“我想分享我们真实的工作状态”，和长春设计师会面之初，赵牧桓便直率地袒露心迹，在之后的参观和交流中，牧桓真实而又诚恳的态度贯穿始终。他一边带领大家参观，一边细致介绍了办公室的设计理念、工艺和选材，强烈的形式感背后，其实是以低造价和现场制作的方式完成的。在随后于会议室的集中分享中，牧桓介绍了地产、酒店等不同类型的代表作品，虽然总体风格比较多元，但近期比较注重现代中式风格的研究探索。虽然一直致力于原创设计，但他认为，设计的宗旨不是纯粹为了美，更要考虑用户的实用和便捷，他会与甲方充分沟通，了解客户的需求。而自己与团队做设计的操作流程，则被他简明扼要地概括为“利用效果图、模型等手段，不断进行预检测”。他强调，研究室的效果图无法外包，不是做给客户看的，而是设计师不断自我修正、寻求更佳设计的重要工具。正是这种近乎“烧脑”的方式，让最终的作品更贴合项目实际，以较低的造价获得各具特色的空间韵味。

牧桓对于同行关注的工作模式，工作流程，项目数量，年度产值等问题毫无保留，同时对于原创型事务所面临的创新与盈利问题，设计师型老板对于员工的管理问题等永恒矛盾，也毫不避谈自身的困惑与求索。受赵牧桓深度自我剖析的启发和感染，来自长春的设计师们随即将话题延展到了设计周期、设计理念、灯光设计及室内空间设计心得、成本管理、企业经营等方面，碰撞出了许多思想的火花。

过程解密：用效果图和模型反复检测

赵牧桓：今天主要是希望分享真实的工作状态，我们很多项目都会发表，所以我想与其分亨个案，不如跟大家介绍一下我们的操作流程，分享一下我们的一个案子是怎样产生、如何操作，怎么样产生结果……这样各位可以看到我们的做法跟你们的有多大出入。可以看到，这边就是刚才介绍的案子的档案夹，再翻开，能够看到所有的模型、效果图等。一个个案，就包括很多效果图。对于我们来说，效果图是发包不出去的。原因在于，我们的效果图不是给业主看的，而是我们的工作工具。每一张效果图都是在做检测——我们都是预先检测的，所有的模型都用于进行反复测试。比如说材料的测试、灯光的测试、造型的测试……从草图开始，一直都在检测。比如你看，刚才谈到的住宅项目，里头的鱼，一些柜子，我们都做过不同效果的测试，整个设计过程经过了换灯，换桌子，换椅子，换颜色等步骤。大家能看到，光是一个主卧，就做了二十多张效果图。我们的效果图是玩真的，这里面包括跟业主的互动，但更多的

赵牧桓（Hank M. Chao）

生于台湾，美国IES灯光设计协会会员，中国建筑学会室内设计会员，台湾室内设计协会会员；

1997年成立牧桓建筑＋灯光设计顾问（MOHEN DESIGN INTERNATIONAL），现已逐渐演变成为台北、上海、重庆以及东京等地的一个跨国际的设计领域平台；

被评选为世界100大最杰出的别墅设计师、亚洲最有潜力的设计师。其设计作品被广泛收录在包括"SPA-DE" vol.4，City Interiors，100 Best House等世界主流专业设计媒体，受到包括德国、西班牙、美国、日本、澳洲、和中国大陆台湾等诸多设计媒体的广泛肯定及刊载。

是设计师的自我修正。我们的操作模式是，用模型再转化成CAD，所以可操作度很高。通过一直尝试、测试，不断整理设计的结果，用很多效果图确定这个是否可行。这样做下来，现场的效果跟效果图的差距其实很小了。

“对话”

灯光设计：首先要确定设计目标和概念

刘培植：能否谈谈灯光设计的心得问题？我发现刚才谈到的案子里，有的室内空间灯光效果比较特别。

赵牧桓：灯光设计，跟整个设计概念有关系。举个例子，像北京的安缦酒店，太厉害了，它本来是慈禧太后时期用来上朝的地方，很多房间都是以前的更衣室、厨房、丫鬟的住房等，空间很小。酒店里的廊道像迷宫一样，要走过九弯十八拐，才能到自己的房间，而且在这一路上没放什么灯笼，只有微弱的灯光，就像古时候那样。我带着孩子去住，他自己是不敢走的，必须拉着我的手。

安缦是体验型的酒店，它不要现代的感觉，而是要带你带到过去的时光中，让你去感受从前中国的皇宫里是什么样子。当然，给你的居住条件会比以前好。再看杭州的安缦法云，以前是僧侣住的村庄，酒店想让你感受这种意境，去听那些暮鼓晨钟……那里的房屋结构没怎么改，也是很暗的，然后你在楼上走，楼下可以听到脚步声。曾经我推荐一个要做酒店的客户去那里住，我们跟几个建筑师自己住到四季酒店，因为安缦比较贵。结果，那个客户入住了安缦之后很快跑到四季酒店来，说接受不了安缦这样的条件。安缦就是这样的，它非常注重体验，很有灵性，但是其中存在一个风险，那就是喜欢的人很喜欢，不喜欢的人甚至会觉得住在里面要疯掉，宁可跑出去住比较现代奢华的酒店。

做灯光设计，首先要确定自己的设计目标和概念，考量相应的空间需要什么样的氛围，怎样的亮度，然后去选择和测试灯具。

赵思伟：很多人认为您首先是一个灯光照明设计师，但是作品大部分是室内这方面的，是这样吗？

赵牧桓：我不是灯光设计师，我是室内设计师，只是我接受过比较完整的灯光教育。早期媒体上灯光相关的内容少、作品也少，我因为懂得一些，所以给他们写写稿子，然后他们就宣传我是灯光设计师，于是我每次都要去更正……

刘培植：能否分享灯光设计的一些手法？

赵牧桓：其实没有什么手法，即使有也是一些常规的手段。比如说洗墙怎么洗？如果要表达空间的层次感，特别是在廊道、多层空间、有肌理的台子……那肯定要洗的，有些石头和砖也要洗。具体的，看是什么样的空间，需要洗多亮。人的视觉心理是这样，越暗意味着里面的东西越贵，反之亦然。一个高档餐厅，肯定是暗的，很可能没有一千块钱出不来。低档的餐厅要亮，便利店也绝对不能暗——你看，像家乐福超市和全家便利店这种空间是透亮的，暗示你说东西很便宜。要是有人找你设计一个便利店，你给搞得很暗，那业主可能要骂你——便利店要通透，使用很多玻璃，让人看得到里面有什么，给人以“消费得起”的安全感。暗，意味着私密。在一些餐厅里，我们会用很高的反差，每个桌子都是亮的，但此外其他地方是暗的，这让人感觉坐得住，私密性很强。

谈到酒店的设计手段，你得去考虑它的消费层级，对于经济型酒店，不能给人“消费不起”的第一印象。总的来说，设计要符合产品的定位。风格也是，我们不会刻意把一个案子做成中式风格或者前卫的、西式的……我们得出结论，要经过跟客户的沟通，确认这些要素适合他。比如说他做的是高端住宅，要卖五万块钱一平方米，那么我们肯定要找到那些符合“每平方米五万”定位的要素，灯光也好材料也好，都能够符合。这些因素之间的逻辑很清楚，捆绑得很紧。

一般来说，我不太在意“我要什么”，在意的是“客户要什么”，然后我怎样去满足他的要求，去协助他。这是我个人对设计的定位。我喜欢跟客户互动，了解他需要什么，然后找到适合他的东西。这意味着每个设计都是推倒重来，不能复制。当然，这也不一定对。至少安藤忠雄不是这么想的，他绝对是相反的，会坚持说“我就是这样”。

管理与经营：寻找创新和盈利的平衡点

赵牧桓：大家看我们做的案例，会发现我们也算是比较搞怪的那种设计师了，我们很喜欢去尝试，每次看到一个新的东西都蠢蠢欲动，想去玩玩看、试试看。实际上，如果从我们做上述这个模型的做法来看，其实我们每个案子都在赔钱，都是用我们的“鲜血”在做……所以不好规划，不好做。

屈彦波：因为成本高？

赵牧桓：主要是时间成本——你要一直去试，一直去试，试过很多次之后才能到达那个结论。项目周期其实不长，但是我们试得很多。一般来说，我是公司里第一个来上班的——我习惯早睡早起，大概五点半就会起床，所以能够很早就来上班。今天，各位来访之前，我还在改一套图。

赵思伟：现在这些方案大部分都是你亲自来做吗？还是有些交给主案设计师来做？

赵牧桓：都有。我亲会自做一些，还有一些给主案设计师去消化掉。虽然我一个人做的也比较多，但全部靠我一个人，我会疯掉的。

赵思伟：刚才我也在想成本的问题。对设计师来说，最大的成本就是时间。像你刚才谈的那个住宅项目，可能一个房间就要推敲二十几张效果图，整个设计周期会很长。那么，业主得支付你多少设计费，才能匹配你们的时间成本？

赵牧桓：按照正常的量，那个项目的设计费最多也就每平方米七八百元，所以这也是用鲜血做的。不过，业主不只是给我们一个样板间来做，还有一部分公共空间，这样我们才能够弥补亏损。

赵思伟：我们就是经历过这样的事情，业主给了很高的设计费，但项目周期很长，做完之后自己还赔了十几万。

赵牧桓：对啊，会有这种情况。像酒店，费用总额高，但一两年的周期就比较长。

赵思伟：有时候，我感觉设计公司不光是做艺术创作，做设计，它还是一个生产型企业，要考虑经济效益问题。

赵牧桓：对，这点老实说我们得不好，绝对不是标杆企业。我觉得有些同行比我们做得好多了，真的管理得非常好，该量产时就量产。这点蛮厉害的，我很佩服。一个设计企业创新和盈利之间总是矛盾的，那么平衡点在哪儿？我也在思考。

赵思伟：那我们这个团队的行政管理和一些专业管理，是怎么来做的？

赵牧桓：我们就是以“乱”为主啊，“乱”得可以。（笑）

齐伟民：能不能谈谈公司的人员构成，以及内部的分工、合作机制？

赵牧桓：我们大概有20几个人。设计人员三人一组，一个专案设计师加上两个助理。助理主要的工作是做一些效果图和施工图。这个结构也是我们的一种“管理”——这样的小组，就像变形虫一样，遇到小案子可以处理，遇到大的案子时可以几个组共同完成。毕竟公司里不可能只有一个案子，肯定是穿插着来做，根据需要去改变和组合。我也不知道这样好不好，但我们就是这样做的。

赵思伟：这是比较有意思的。如果平时不分组，在案子多的时候再分组，你觉得这样如何？

赵牧桓：我也曾经试着去分部门，后来失败了。我发现，除非公司做成量产型的，那样分工才会产生效益，CAD一个部门，创作一个部门，效果图一个部门……但这个方式对我们这种以创作为主的公司完全是不利的，设计人员容易跟其他环节对接不上，或者是无法共事，完全脱节。

齐伟民：贵司的团队里有没有做相关配套的？水电这方面的人员有吗？软装呢？

赵牧桓：水电方面的工作是外包的。软装我们是可以做的，但是我们尽量不做，但希望是由自己来严格控制，因为就我个人接受的教育来看，软装是需要和硬装一致的。但国内的情况不是这样，往往是分包给软装公司。这样，从设计的角度来说是在走回头路——室内设计的专业还没有成熟，就变成了室内装饰，从装饰、布置开始。所以，如果我很看重一个案子，我会要甲方给我们做软装，自己绝对控制局面。

张兆波：能否谈谈施工过程的后期服务是怎么进行的？比如说材料选择。

赵牧桓：我们提供的是阶段式服务，整个过程里面可能是分几次、在重要的节点时去现场沟通。

张兆波：到后期材料选择的阶段，你能保证想法贯彻得下去，实际选用的材料都是你想要的吗？

赵牧桓：可以的。我们是一个操作性很强的公司，各位看我们的办公室——当然这是行业内的造价了——全部做好，包括所有的家具、电器等，成本是2000元/米^2。我们做的项目，大概预算都会包得住，最后包不住的也都是微调。

刘培植：您的材料储备是怎样完成的？

赵牧桓：我们在效果图的时候就已经做了，一边做一边去打。

齐伟民：按照您事务所这个规模，一年内不论大小，大约能做多少案子？产值多少？

赵牧桓：我们做纯设计，一年大概做40个方案吧，1800万元的产值，我们做不了太多。

赵思伟：那您大部分都是在大陆工作？台湾那边有项目吗？

赵牧桓：台湾的项目很少。我们身为小公司，也做不了太多项目。现在台湾设计师在本地接不到太多的活儿，一方面是建设市场的问题，另一方面，好多（建筑）项目都在更年长的设计师手里，年轻建筑师比较没有机会，因此很多都只能转到室内设计领域。

To Be Strong Is To Achieve A Good Result From Work

并非强势，目的是为了实现作品的好效果

——访KLID达观国际设计事务所

七月，KLID达观设计尚未正式开幕的新办公室迎来了一群专业的客人——“中国设计精英之旅”东莞站的设计师们。作为业内知名的事务所，“达观”在许多方面的探索都颇具前沿意义，也贡献出许多有价值的设计作品，而本次全新的办公室设计，前卫简洁的风格与订制化、现场制作的工艺流程，则是达观在相对自由环境下的创作成果。在与东莞同行们的交流中，事务所的软装设计总监杨家瑀将达观的“道”与“术”都尽数分享。她坦言，自己与搭档凌子达从一开始就清楚自己所擅长的是设计而非营销，所以一直执着于把项目都做成作品。达观，也因此在较早时期就力图实现建筑、室内、景观和软装设计的一体化，近年来在业界好评不断的日照华润中心、厦门宝龙一城售楼处、杭州金地十方别墅接待厅等项目都是这个思路的成果。

在案例分享之外，设计师之间的对话则碰撞出了许多火花。东莞设计精英们与杨家瑀总监围绕着达观的架构与运作，达观的“奢侈观”、如何与甲方更有效地沟通以使得设计师的主张得以贯彻，设计施工流程的管控等业界共同关注的问题，坦率而深入地进行了探讨。杨家瑀坦言，早年也曾经历过因为接受甲方某主管的意愿导致作品效果受到影响，但最终的责任却要由设计师来承担的教训，之后更加清楚地明白了要做自己的设计，对设计的坚持也让达观在一些客户面前留下了“强势”的印象。“其实，我们并不是强势，目的是为了实现作品的好效果，一旦变成‘弱势’，容易导致作品效果出不来。”

凌子达

1973年出生于台湾高雄；

1999年毕业于台湾逢甲大学建筑系。先后在台中及台北等城市实践自己对建筑和室内设计的理念；

2001年到上海发展，并成立了「KLID达观国际设计事务所」，致力于建筑室内空间设计领域；

2006年出版个人作品集《达观视界》，2009年取得法国Conservatoire National des Arts et Metiers建筑管理硕士学位。

注重空间的整体感与艺术性

杨家瑀：大家到访的这个办公室，我们刚搬进来一个月，还没有正式开幕。换办公室是我们五年前的计划——我和凌子达先生在每个阶段都会针对未来做一个发展计划。此前我们就针对客户的定位与需求进行分析，希望在设计行业里走向更高端，让设计师有更大的空间。达观在和客户进行前期沟通时会有一些比较严谨的要求，也正是因为坚持这些要求，我们才得以逐步走到今天。新办公室是我们曾经的梦想，也意味着新的开始。在公司内部，凌子达先生处理对外的事务较多，同时主导建筑、景观、室内设计的大方向，我

杨家瑀

KLID达观国际设计事务所合伙人及软装设计总监，

东华大学室内设计系毕业，多年来一直致力于空间软装设计领域。

参与设计作品多次获得国际知名设计大奖。

则配合以软装设计，以及公司一些设计管理的工作。施工方面，我们没有做。大概的情况就是这样。

达观一直以来都朝着建筑、室内、景观、软装一体化设计的方向发展，所以在和开发商做前期沟通和洽谈时，我们就希望可以更早地介入到项目中去。日照华润中心，我们从项目前期就介入，负责景观、规划、建筑、室内及软装设计。其实，基地本身有一些不利条件，它是一处洼地，比周边的市政道路要低 4 米。但是在市政道路的对面有一个森林公园，凭借着这个环境优势成了城市综合体销售中最大的卖点。整个售楼处的建筑是以漂浮的概念来做的，有现代的解构主义风格。项目的亮点在于，它的造型使其无论在白天或黑夜，都能够成为该区域的地标性建筑。当你从市政通道经过，可能会觉得它是一座小型的艺术馆。在整个设计中，我们一贯地去强调它的空间感。总的来说，我们会进行整体的考虑，比如说从外部看到的建筑造型如何，由外向内看到室内的情况如何，从室内向外看又是什么样子……最后，项目落成后目前已获得了 9 个国际著名建筑及室内设计奖项。

杭州金地十方别墅的接待厅，以及一栋别墅的室内设计。杭州与上海的城市文化有所不同，这座城市的大部分项目都较为注重东方的人文精神。我们则希望打破一贯的中式做法，希望整体往“东方”的方向走，但结合以当代审美的观点，在室内不去表现任何的“中式”，但又凸显潜在客户的文化底蕴和文化素养。

厦门宝龙一城售楼处，是我们和宝龙地产合作的项目。宝龙早些年以大型综合体项目著称，近几年来积极在往设计和艺术的方向发展。我们依然沿用自己最擅长的做法，从景观、建筑、室内到软装作一体化设计，力求把销售与将来的招商功能融为一体。虽然这是一个商业地产项目，我们在设计过程中还是更多地考虑到其中的设计与艺术创作因素，以打破商业空间设计的一些定律。

“对话”

“强势”，是为了能出好作品

欧阳佳洁：能否给我们分享一下从公司起步到现在的心路历程？谢谢！

杨家瑀：凌子达先生从事设计行业二十年了，我自己从业也有十五年。我们开始起步时规模不大，只有几个人，客户也不好谈。其实，我们从十几年前就定位在“设计”这个方向，认定如果设计做不好，其他方面意义不大。我和凌先生并不是很善于去做销售、沟通，我们擅长的是好好地做设计，好好地工作，努力地去打拼，用作品去打动客户。当然，在前期也有很多客户对我们的作品提出一些不同想法。我们也经历过这样的事情，就是采纳了甲方某个主管的想法，但最终出来的不是双方想要的效果，而所有的责任是由我们设计师来承担……所以我们清楚地意识到还是要坚持做自己的东西。自然地，在这个过程当中会跟客户产生蛮多的摩擦。一些客户对我们的定位是“达观很强势”，说我们不改设计、方案、软装……什么都不愿意改。其实，我们并不是强势，目的是为了实现作品的好效果，一旦变成 “弱势”，容易导致作品效果出不来。我们一开始跟客户沟通时，就会否定一些做法，如多次修改方案、根据客户要求不停地更换软装等。我们做出来方案，大家确认，然后继续做深化设计。十几年来，这样的操作方式让我们被很多客户淘汰，也帮我们淘汰了很多客户，尽管这给我们造成了一些损失，但回头来看，就是这些“损失”给我们带来了更多的认同。今天，我们换了新的办公室，扩大了公司的规模，也是希望今后在设计和创意这块做得更多、更好。

欧阳佳洁：怎样处理与甲方的关系，才能帮助设计师更有效地坚持自己的想法?

杨家瑀：我们其实比客户更专业。我们在项目中累积的经验，比甲方销售、营销、设计管理人员更多，因为我们做过的项目更多，遇到过的难题也更多。每个开发商都不一样，有不同的要求，我们可能要面对来自开发商十几个部门的不同要求。我们会综合客户的要求，提出自己的建议。如果只是照着客户的思路走，可能从第一步开始就被动了，就会变成客户要我做什么，而我们没有端出来更好的菜给他，就很难说服客户。

同时，我们很清楚，第一次去跟甲方沟通时如果对方的董事长或者总经理在，他们能拍板，那么接下来其他人的意见只是稍微综合一下就可以了。对于“大老板”的想法我们要很快地去了解，并且抓住这个点。换言之，我们做汇报的时候其实要说服的是一个人，而不是所有人——让下面所有部门都满意，是不太可能的。所以，做设计概念要抓重点，汇报也是要抓一个重点。

黄明：我们做室内设计，有硬装和软装的结合，有些客户认为自己搭配软装就行了，最后两方面的味道完全不对，把设计师的作品给颠覆了。你们有没有遇到过这样的情况?

杨家瑀：有，现在还会碰到。国内的很多客户能够接受“软装设计”这个概念，但还有一些客户会认为软装是个工程——既然是工程就要招投标，要去比价。我们的想法很简单，一旦涉及招投标比价，那不用比了，我们的报价一定比人家高。一直以来，这都是一个大问题。刚刚谈到，许多人觉得达观比较强势。我们会在一开始时就提出，为了整体设计的效果，希望把软装也给我们做。如果客户说要把控成本，所以让自己的设计部来做，那也可以。比如和我们合作过很多项目的万科在广东就有自己的软装设计（工程）部，人比我们还多。他们会找我们沟通软装这方面的工作。实际上，公司的软装部是我自己来管理的。针对一个项目，我们软装部有三四百张图，几乎90&以上都是自己做的设计，从家具到雕塑都是自己做图纸，很少外购，只有个别的东西会选择成品。有的雕塑设计图翻稿能达到十几次。

跟客户做前期沟通时，软装这部分是最难的。客户往往能接受你的设计费，但觉得在软装方面“什么都还看不到”，确定起来太难了。我们说，没关系，你可以看我们的售楼处、样板房，设计和实物的品质都在这里，设计图纸也在。我们不希望做成商业项目，而不是作品。一般来说，硬装和软装分开来做的话，将来这就不能成为我们的作品。曾经我们也做过很大的项目，客户找了当地的人去做软装，效果惨不忍睹，让我们深深感到前面的设计似乎也意义不大了。所以我们前期会花很多的精力让客户接受我们要做软装设计的理念，告诉他为什么要一起做，怎样保证设计的整体性，如果你要自己做，那么你如何去把控……有时候客户会说，你们单独出一个软装的设计。我说，不好意思，软装的设计我们只能在自己的案子里做。总的来说，是要努力去说服客户。

欧阳佳洁：事务所在私人住宅方面的项目情况如何?

杨家瑀：这方面的项目一直都比较少，从成立到现在，平均每两年可能才会做一个私人住宅项目，因为我们主要的方向不是这个。私人项目的客户一般来说，个人的意见比较多，我们很难做出作品来。

完善的流程管控是品质保证

罗树敏：能否谈谈贵公司内部的架构、组织，以及企业文化？

杨家瑀：我们内部的架构算是比较简单的。架构的灵魂是设计，设计部也是公司架构最大的部分，分为室内设计和软装设计。其他的有工程部——但只针对软装方面，我们没有建筑工程这一块。此外还有项目管理、行政的部分。像刚刚跟大家谈到的那样，我本人和凌先生都不是很擅长做沟通和销售的人，所以把重心放在设计的水准、设计管理、品质要求这些核心。我们强调专业、高品质、自我要求，自己每天也是在关注工作的各个流程。

蔡仕锦：我想请教一下，如果我们一直做室内的设计师想要学习一些建筑设计，主要应该学习哪些方面？对于好的空间设计，你和凌先生作为具有不同教育背景的设计师，有什么共识？

杨家瑀：凌先生是学建筑出身的，我是学室内设计的。学建筑出身的设计师本身对空间感、尺度感的把握跟学室内设计出身的人不太一样。现在许多客户追求奢华、特色、品位等，我们达观是通过比较简洁、大气的方式去呈现的。我和凌先生理解的“奢华”，第一点在于空间感。你的尺度感好，够高够宽阔，即使不加任何东西，就已经有奢华感了，而不在乎配多贵的进口家具、水晶吊灯等，那些只是表面的奢华。所以我们在做室内空间时，主要的区域会注重空间和尺度，往往在做平面布局时会打破原来的格局，改善层高、空间，包括对一些梁柱和不必要的墙进行改造。这是我们很重视的。有时候跟客户交流时，客户说，你们先出一个平面方案，我们再签字。我说这不行，平面概念是设计的精华，平面一出来，等于其他的东西该怎么做就都呼之欲出了。平面是最重要的，而平面规划中最大的工作就是在于空间改造、尺度运用等，去创造空间的亮点。平面上如果没有亮点，我们在前期很难去说服客户为什么要做这个设计。

罗树敏：我也认为作品的整个管控流程很重要，有很多讲究，你们怎样去更好地实现作品的高品质？

杨家瑀：客户找到我们当然是希望做出一个好作品，有的客户更是有明确的定位，希望项目能够获奖。我们也会和客户沟通说，好的设计不是光靠设计师来实现的，因为我们不做工程——还要看甲方设计管理部的管控人员。我们并不会接送客户去参加每周或每两周的工程例会，这样做意义不大。要把控好品质，最重要的是甲方接受我们的理念，在前期设计方案、深化设计的沟通之后，他们能够明确设计上的要求和指标。那么，在接下来的阶段，我们也会有明确的施工图方面的要求，以及细节的把控，通过专业人员去把控施工品质。

有的客户对项目要求比较高，担心自己的施工队做不好。这种时候我们可以给他推荐一些不错的施工单位，毕竟这些单位在品质上能够达到我们的要求，也能够领悟设计师的要求。在材料方面，我们会在前期就给客户一些建议，指定一些材料，基本上客户是不会换的。

许晓东：总的来说，还是要出好作品，做好事情，才有话语权。

The Golden Era of Native Design Companies

黄金时代——本土设计公司炼成记

——访集艾室内设计（上海）有限公司

集艾设计的独立办公楼由一幢独立老建筑改造而成，拥有度假酒店般美丽景观和舒适室内环境的办公楼里，集艾设计团队热情地接待了设计师们。设计总监黄全和常务副总经理宋文宇通过实际案例向来访同行介绍了公司的成长历程以及坚持的设计理念，其中，在上海这样的国际化环境中，年轻的本土设计公司如何能崭露头角的话题尤为引人关注，众人还就公司构架、取费标准、工作细分、设计师话语权、市场趋势等问题展开了分享与交流。

设计理念：价值、完美、优雅

集艾作为上海本土年轻的设计公司，涉及多元化的室内设计领域，近年来成长迅速，虽然很少宣传，却依靠多而精的设计作品赢得了业主的口碑和行业的关注。黄全通过三个重点项目分享了集艾的三个设计理念。

一是“设计价值是在提升产品的溢价能力”。上海917精品办公项目在开发商最初接手时即有诸多限制，区域位置优势不明显，但定位又高于周围同类型建筑。业主抛给了集艾这个难题。“最初找我们只是做室内设计，但最后我们帮他们做整体规划，进行全新的定位。”通过增加公共设施，如大堂里的咖啡厅，企业的会所，满足各种需求的报告厅、会议室等，融入各种功能，区别传统的办公楼，做成了精品办公的概念。以往的设计中，室内设计会受建筑、景观的局限，但在这个项目中，集艾从头到尾策划、主导了设计，拥有很大的话语权，建筑、景观都围绕室内在做。“我们不是简单地做装饰，而是更关注产品的溢价能力。这样业主会更加信任我们，我们也能更充分地执行自己的想法。”

二是“面对百变的业主，更需要追求完美的心”。黄全说，南车站路楼盘项目设计周期长，经历了许多不确定性和变化。集艾在操作这个项目时，不管业主的要求是什么，怎样变化，每个阶段都尽最大的努力，投入许多精力、时间、成本，努力服务好业主，“因为设计归根结底是服务行业”。在业主变通的过程中也学到很多，

黄全（KIM HUANG）

毕业于东华大学，主修环境艺术设计；
注册室内建筑师，中国装饰协会会员；
集艾室内设计（上海）有限公司总经理兼设计总监；
主要作品：上海松江绿地ETON酒店、上海临港豪生酒店、上海川沙豪生酒店、北京马可波罗酒店SPA、上海九龙宾馆室内改造、阿联酋迪拜中国分拨中心城及其酒店公寓室内设计、上海多伦大厦酒店公寓室内设计、上海市委接待厅及市长办公室室内设计等。

不断完善作品。"刚开始做设计时会因为业主的反复，或是我们认为不合理的意见而觉得自己有所牺牲，但现在公司都要求做到极致，哪怕是颠覆性的变化，那就当成一个新项目去做。前面虽然有很多反复，但是是为后面做铺垫，是值得的。"

三是"业主可以是土豪，但我们要懂得优雅"。做赵巷别墅时，开发商给集艾提供了一张效果图，风格是设计师都避之不及的"奢华土豪风"。业主认为，他们的业主是"土豪"，可能喜欢这种风格。经过沟通，集艾让开发商明白"我们不能低估业主的审美眼光和鉴赏能力，能买得起这种房子的人都有着不一样的眼界，他们可能不懂设计，但他们知道什么是好的设计。在目前房地产的大形势和业主的鉴赏水平下，他们不会喜欢这种浮夸的东西。"最终在保留开发商的诉求下，集艾用后现代的手法，用更加有设计感的语言，诠释了奢华、有价值，同时又优雅的设计。

本土公司成长的"黄金时代"

"集艾在上海十几年了，中国的公司差不多都是这十几年成长起来的。之前在上海等一线城市，以境外和港台设计公司为主导，现在国内的设计公司发展得很快，设计水平很好。"公司常务副总经理宋文宇向设计师们介绍集艾的发展历程。集艾刚起步时只是一家小公司，年轻，没有名气，竞争不过实力雄厚的外企。许多开发商指定要境外的设计公司来做主创设计，中国的设计公司只能做深化等边边角角的小项目。但集艾通过将小项目做得越来越好，开始接手大项目，全面介入开发商的进度。刚开始设计时是从高端住宅领域开始，后来承担了酒店、办公楼、商场、售楼处、会所等项目。近两年，因为和开发商的磨合已经很好，基本上是以地块的方式接项目，从最初的售楼、会所到后期的酒店、办公、商场等进行全方位的服务。

"最近这五年国内的设计公司开始承担主创责任，国外的公司反而慢慢介入少了。未来国内的发展趋势很好。"集艾乃至其他国内设计公司迅速成长的原因，在宋文宇看来，在于本土公司的服务优势。"在当初同台竞争的公司中，当初我们是资历最浅的，现在却是和开发商合作最多的。我们的服务好，沟通好，大部分本土公司都是实实在在做事。前两年我们也一直在讨论，认为我们有可能遇到了中国企业都会遇到的天花板，名气没有别人大，在业主面前没有地位等。但业主越来越专业，他们的眼光非常好，看作品说话。比如新鸿基原来只给港台和境外公司机会，现在也会给内地公司机会。认真做好，未来有很多机会。未来几年中国设计公司应该会慢慢成长到跟国际一线品牌竞争，甚至比他们做得更好。"

"对话"

许晓东：集艾很少做宣传。现在媒体资讯发达，全国各地的设计评选、推广甚至娱乐活动很多，许多明星设计师知名度很高。但上海这个城市海纳百川，设计力量多元化，很多公司不为外界所知，但作品很扎实，团队带得很好，成长很快。集艾从作品类型上说，酒店、地产、办公各种类型都有，你们在内部是如何分工的，是不是不同的团队对接不同的类型？还是有一个综合的调配？

黄全：我简单讲一下我们公司的组织构架。市面上我们熟悉的公司有两种，一种是明星设计公司，这种公司更依赖个人的影响力，规模不会太大，明星设

计师既当总监，又当主设计师，还要管理，有一定的局限性。另一类比较成熟的，如境外的HBA，是比较专项同时又比较商业化的公司，他们往往有一套比较成熟的管理体系，有几十年甚至上百年的管理经验，有成熟的流程去把控品质。他们可能对个人能力的要求不会这么高，一个流程下来，最终作品不会很出彩，但是很扎实，能满足市场大多数业主的需求。我们的公司介于这两者之间。我们公司的组织构架是这样的：我是设计总监，下面有三个副总监，每个副总监下面有3～5个设计小组，每个设计小组有5～8个人。每个小组没有很清晰的界定，比如这个做商业，那个做办公，但是每个小组都有擅长的领域。我们的公司文化是希望能搭建一个平台，使不同的设计师有创作的激情，有自己的喜好、专长，我们会根据他们的专长对任务进行分配，这样他们对自己作品的投入度也会高。而且我们也不把设计师局限于一个领域，如果设计师想换个类型来做，内部任务分配时会有调配。不同的设计类型会有差异，设计师通过不同的项目寻找自己的定位。我们没有界限，但重点的项目肯定是最擅长这个领域的小组来做。

许晓东：上海高手如云，有很多境外、港台公司，你们这样的本土设计公司怎么在业主那里取得话语权？你们年轻的管理者怎么样在团队管理中获得威信？

黄全：我们现在面对的大部分是专业的房地产开发商，他们越来越成熟理性，对公司和个人的定位还是要看作品。信任一是要靠磨合，二是靠沟通。相比其他公司，我们团队非常年轻，项目组长里面有90后，而且非常优秀，因为他对项目的投入、做出的作品能让大家信服。成熟的设计不需要过多包装，业主就会懂。当然，信任是很多年积累起来的。对客户的维护也是很重要的一方面。必须通过不停的交流和沟通，甚至是不停给我们犯错的机会，才能建立起信任。

宋文宇：中国企业的优势在于服务好，但我们缺乏的是全球采购视野。现在我们安排设计师每年两次全球考察，保证所有设计师组长有全球视野。随着我们合作的中国开发商在纽约、洛杉矶、泰国等地拿项目，集艾的设计市场也已经拓展得更大了。包括中国台湾地区、越南的业主也过来找我们做项目。

解冬青：因为你们很少做推广，除了开发商来找你们的项目，你们有出去找项目、开发新项目吗？

宋文宇：现阶段没有。上海的公司大部分都不会出去找项目。一般来说，一，作品第一位，作品好，你不去推广，开发商、同行会帮你去推广；二，上海市区的地越来越少，数得出来，只要你能介入进去做，有可能一个项目就成功。当然这种项目要花心力。在二线省会城市，比如我们与绿地合作的项目，有超过100层的高层建筑，在当地很有影响力，只要做出来，人家看了自然会来找你。

黄全：我们做设计出身，有追求完美的心理，始终觉得还差一点，要等更成熟的时候再去推广。

宋文宇：其实我们内心很羡慕别人名气大。中国企业有个问题，如果是明星设计师，出去做推广，自己还能不能继续做设计？把时间都花在推广上，没有时间做设计了。我们在做设计和做推广之间，还是选择做设计。也许因为推广，你会有更好的项目，但因为你做不好，可能要永远接触新客户，这对公司也不好。

张奇永：贵公司有多少人？

宋文宇：现在有80多人。刚开始10多人。其实我们在控制规模。每年找过来的项目推掉很多，但人均产值很高，只选择性价比最高的、最好的项目来接，保证公司良性发展。团队很稳定，每年设计师流失率不到10%。组长以上是很稳定的。我们提供的可能不是上海最高的工资，但至少是中上等的待遇。设计师很舒服，就不想走。

张奇永：设计资费标准？

宋文宇：我们的收费与境外一线公司比，会比他们相对的低一些，和港台等一线公司基本差不了太多。酒店项目，收费也是比HBA、威尔逊等知名公司要略低一些，豪宅项目的竞争目标是梁志天，大观，和他们的收费应该也差不了多少。商业项目设计的主要竞争目标是伍兹贝格、凯里森等，比起贝诺还是有一定的差距。办公项目的竞争目标是Gensler，香港思联等。我们不存在竞标，90%的项目都是委托的。有可能竞标的就是地标性项目。100层以上，300米以上的楼盘，或是知名品牌的楼盘，比较有影响力的项目，我们才参与竞标。

张奇永：你们的室内设计很强，涉及到建筑的时候，会和其他行业有接触，比如设计和建筑同步要完成，这可能需要其他领域的技术人员，如果遇到了冲突怎么办？

黄全：跨行业的交流是免不了的。我们做室内设计和建筑设计院打交道多，国内的设计院很会避免承担责任。但是作为专业的室内设计师，如果你对对方的技术和专业知识不了解，你就没有和他讨论的余地。如果你懂的话，在和他有冲突的时候，如果能在满足规范的前提下，帮他提出解决方案，他就无话可说了。关键在于认知水平的平等。

现在业主也越来越规范。比如我们初步方案确定好后，就必须给机电提供资料，资料内容要包含所有点位末端的位置、方式，提交给业主，业主再提交给他的顾问公司，他们会配合你的要求来做。做不到是他们的问题，你没提对是你的问题，责任很清晰。现在市场很成熟，基本不存在这种问题。有些方面可能因为客观的原因实施不了，这是可以调整的。

张奇永：现在有很多设计特别追求整体，为了一个最终设计的方向共同努力，按照一个线索来做外建筑、结构、装饰等。但有一个问题，很多项目前期做得不到位，导致后期有很多变化。你们会有这种情况吗？

宋文宇：在上海，甲方的管理人员非常专业，当你室内图拿出去时，甲方机电的管理人员已经介入了，你的提议是否合理他们一看就知道，如果机电院无法配合我们完成效果，甲方的管理人员会去管理他们。如果是设计师去管，肯定没用，但甲方去管就不一样。

黄全：这个问题分两方面，一方面要靠业主的管理，一方面是设计师的担当问题。作为设计师，重要的是为业主创造价值，而不是只做个装饰面，工作就结束了。这种心态不可能做好设计。室内设计不是单一的艺术，它是跨学科的，必须跟不同的学科、专业打交道，归根结底靠设计师的驾驭能力。

张岩：作为设计的外延，在策划这方面，你们有没有专门的部门参与前期策划？

黄全：还没有专业部门。我们怎样把控品质，做前期定位呢？我们公司内部有一个“两会一审”机制，“两会”是指项目过来，市场部给到我们，做一个立项，立项后传达到设计部门，设计部门分配好给哪个小组做，小组拿到后先提出前期概念，这个概念由公司内部开会，所在组所有成员、副总监及我都会参加，我们针对这个概念做一个全面的沟通，比如要做哪些工作、设计定位、项目定位等。基本上沟通后拿出去给业主就八九不离十了。业主也是专业的，你在公司提的问题也是业主会提的，所以先在内部过滤、消化掉。业主确认后就开始做设计。设计过程中方案基本成型后也要在公司内部汇报。最后一审是最终的审查。这个过程下来能够规避许多问题。

张岩：上海市场比较专业。在哈尔滨，比如甲方要做五星级酒店，既没有酒店管理公司，又没有咨询公司，设计师要承担许多工作，很难做。

黄全：是有这个问题。中国的酒店管理公司是被业主惯坏了。其实国外都是设计师主导的。酒店管理公司只是提供基本的技术规范。

张岩：甲方不专业，请来的管理公司也不专业。国内的管理公司是个空白，要不就是国外、港台的，要不就是做得很差。

黄全：这对设计师来说是挑战也是机会。如果你很专业，你的话语权就会很大。我们也做过这种对方很不专业的项目，其实这种项目好做得多，我们的主导性很大，很好推进。

张岩：设计公司应不应该更专业化，有设计部门，有前期策划部门？

宋文宇：取决于你的业务方向和客户定位。如果方向比较单一，可以。比如贝诺就是这样，他们招商能力很强，他们的优势不仅仅在于设计。如果你是针对商业、针对酒店的，可以像贝诺这种模式。像我们每项都会有参与，业主比较专业，就不需要成立这些部门。

靳全勇：你们公司的作品多数都是地产项目，酒店等。过去一年，国家对地产是调控的政策，上海的地越来越少，项目和机会也可能越来越少。我相信你们有实际去接触国内外的好项目，但是既然有这个问题存在，你们对未来的发展有什么建议和打算呢？

宋文宇：今年算是房地产的拐点，房产业下滑，这是趋势。但随着细分市场的开始，我们发觉业主的要求高了，拿地的速度开始减缓，相应每个项目的时间会多，他会榨取这块地最高的价值。针对每块地，他们的研究会更加深入，这种深入是需要室内设计公司、建筑设计公司乃至景观公司共同完成的。这对我们室内设计公司出作品是一件好事。未来两年应该是中国的室内市场高端项目不断出现的两年。开发商项目速度减缓，代表我们的作品会越来越好。我觉得这是未来的趋势。

现在基本一线设计公司都在走多元化的道路，比如有的人做家具，有的人做饰品，跨界竞争，这也是一种方式。我们现在也在二线城市投资一些棚改项目，就是老城翻新，把设计和其他行业合作。我们在外滩有一个艺术品画廊，是上海最大的，我们也希望艺术、设计跨界合作。所以我们一方面提高设计品质，另一方面跨行业整合。但我们还是立足设计本身。

靳全勇：现在的思维方式和前几年不一样，原来很多业主、地产商一掷千金，追求奢华，现在时代变了，市场冷静了，逐渐回归本质。面对市场，我们要重新去把握自己的侧重点和职业方向。我们曾经经常做一些酒店、餐饮、洗浴、会所等项目，现在面临社会的转型，开始做一些园区规划甚至农村改造，这种原来是没人做的，现在则越来越多。我觉得这种转变对于百姓是好事，设计师不仅为土豪服务，也为百姓服务。

黄全：现在人们精神层面的发展还跟不上物质的发展，有很大的行业发展空间，需求还是很大的。像日本这么小的国家，设计还这么发达，他们只能是更精致、更细致。中国发展趋势也是这样，农村要往城镇化发展。

宋文宇：在日本、新加坡，很多商场的一楼会有饰品店，他们负担得起一楼的租金来卖饰品，原创的饰品标价非常贵，也会有人买。中国未来的趋势也会是这样。设计得越好，产品价值越高。

Customized, Integrated And Fine

定制化，一体化，精品化

——访上海都设建筑设计事务所

都设设计是近年来在专业领域逐渐引起关注的年轻建筑设计事务所，在座拥黄浦江无敌江景的会议室，凌克戈和来宾分享了都设的设计理念、团队构成、主要的项目类型以及未来的发展方向，并重点解读了“设计定制”的设计哲学和建筑、景观、室内一体化的设计流程。凌克戈介绍了公司近几年完成的不同类型的项目，展现了都设未来的另一主要的发展方向——城市更新。在室内设计领域，近几年来，都设经历了从“协调”到“把控”的“一体化设计”到独立完成室内设计项目的渐进过程。在交流环节，武汉的设计师们与凌克戈就建筑设计与室内设计的衔接问题进行了热烈的讨论，并一致认为未来建筑与室内设计的界限将被进一步打破，“设计师”将取代建筑师和室内设计师的称谓。

设计定制　多元化设计

《设计家》：都设最近完工的项目有哪些？

凌克戈：都设设计不只做建筑，同时也做室内和景观，奉行一体化设计，在国内的建筑设计公司里算是比较独特的。实际上，国外的建筑设计公司并不把建筑、室内分得那么开。

“设计定制”是都设的座右铭，公司并不参与复制性开发。都设的主要合伙人都有大院的背景，2010上海世博中心、国家商务部大楼扩建以及江苏广电这些项目都是我们团队之前在大院完成的。我们当时做这些项时，基本只是完成建筑设计，室内等都是由配合设计单位来完成。而都设采用不一样的方式：由同一个团队来完成建筑室内和景观的设计。与有些公司的“设计总包”不同，我们是要求“设总”从头管到尾的，包括室内、景观、幕墙和灯光调试都由他负责到底的，是“总设计师”的概念，重在效果控制而不是流程控制。

目前都设一体化设计的建成和将要建成的项目有鲅鱼圈的保利大剧院、图书馆、扬州虹桥坊、南京的白云亭文化艺术中心、江阴嘉荷酒店、湖北咸宁梁子湖国家生态展示馆、北京金石联合广场、联投贺胜桥办公楼以及武汉花山郡文化艺术中心等。公司运行三年，没有做太多宣传，很多项目主要都是由国际的媒体进行报道和推荐才引发一些国内媒体关注的。

凌克戈

上海都设建筑设计有限公司总建筑师，上海市建筑学会创作学术委员会委员。

2001年毕业于重庆建筑大学，建筑学学士。世博中心、国家商务部扩建、厦门海悦山庄、合肥翡翠湖迎宾馆主创建筑师；武汉光谷希尔顿酒店、成都协信希尔顿酒店、重庆康德温德姆至尊豪廷酒店、绿地长岛艾美酒店及上海论坛会址、北京金石联合广场、扬州虹桥坊、鲅鱼圈保利大剧院、鲅鱼圈图书馆、南京白云亭文化艺术中心、梁子湖国家水生态展示馆总设计师

《设计家》：公司的项目主要包括哪些类型？能否通过具体项目介绍一下？

凌克戈：都设的项目主要分三部分，商业项目、文化项目和酒店项目。

公司的商业项目比较多，像已完成的扬州虹桥坊虹就是建筑景观灯光幕墙的一体化设计，今年将要竣工的项目除了永川的协信星光天地，还有重庆市政府对面的一个商业综合体——重庆加州中心，北京金石联合广场商业综合体等。重庆的协信鹿角综合体、武汉西北湖领绣天地以及武汉联投中心分别在扩初设计和方案深化设计阶段之中。

文化项目是公司一直坚持去做的部分，一般来说，民营事务所不会介入太多这样的项目，但我们是国内较少同时具有综合体、大剧院、大型酒店建成案例的事务所，这类项目代表着公司的技术实力。鲅鱼圈保利大剧院和图书馆项目都设是从头到尾作为总设计师来完成的，2012 年 5 月标志塔的落成，也标志了整个文化广场的最终完成，之后政府在广场上立了一块石碑，上面的参建单位里第一个写了设计单位的名字。南京北京西路 72 号院是最新做的文化项目，一部分工作是将老房子改造成超五星级的精品酒店，另一部分是新建一些创意类办公楼；另一个比较重要的文化项目是 2014 年年底完成的南京白云亭文化艺术中心，它有一个旧的副食品商场改造而来，引发了国内外媒体的广泛关注。上海绿地的长岛项目核心区我们在做一个游艇俱乐部，是在水里面的一个建筑。此外，文化项目里已经建成的花山郡文化艺术中心和年底竣工的梁子湖国家水生态展示馆都是都设完成建筑室内的一体化设计。

酒店是都设的拳头产品，最近几年做了 30 多家的星级酒店，且都是原创设计。包括四季、喜达屋、希尔顿、洲际旗下酒店基本上都设计过。武汉光谷希尔顿酒店是都设的团队 2009 年所做，于去年建成的。江阴嘉荷酒店是把一个办公楼改造成一个精品酒店的改造项目，很多国外媒体也报道过。我们正在做的是重庆大足的一个 7 万平方米的度假村以及绿地长岛项目的艾美酒店、福朋喜来登酒店。2012 年设计的成都协信希尔顿酒店已土建完工，现在准备做内装修。因为最近经济形势不太好，很多酒店项目进展非常慢，我们也在积极探索一些精品酒店的设计和开发，目前这类项目我们签了四五个，虽然规模小，但是建筑室内一起设计总设计费并不低。

从总体把控到独立的室内设计

《设计家》：能否简单介绍一下，公司是怎样做到一体化设计的？公司在室内设计领域走过了怎样的一条道路？

凌克戈：都设做一体化设计有一个过程。从协调到把控，到一体化，再到承接独立的室内设计，是公司这几年走过的一条道路。

第一个总控的项目是鲅鱼圈的保利大剧院，这个当时也是属于赶鸭子上架。很多时候我们没办法指挥得了，只能自己上。各种协调把控非常难。在这个项目做完之后，积累了丰富的总控经验。后来做光谷希尔顿酒店，室内是由一家国际酒店室内设计公司来做的，景观也是一家美国公司来做的。酒店大堂室内设计公司做得一直不让人满意。我有一个习惯，主要空间做一个室内效果图，给室内做一个空间上的解释，后来业主就要求按我们最初的方案做。作为建筑设计方我们同时对机电进行了梳理，和其他很多酒店不同的是，包括它的风口以及所有的设备你在里面都是看不到的，很多地方结合造型同时调整了机电点位把它挡住了。整个酒店的设备在人所能看到的地方都做了遮挡，所以 12 万平方米的酒店客人在任何位置都看不到空调或设备，这就是建筑师总体把控酒店设计才能做到的。

花山郡文化艺术中心是我们真正尝试独立完成室内方案的第一个项目。项目完成后反响还不错，所以之后我们的项目开始连室内一起做。

现在公司接了很多独立的室内设计业务，比如刚竣工的龙湖集团领导力学院和武汉睿园写字楼等。公司走过了这样一个从建筑设计协调室内到开始一体化设计再到独立的室内设计的过程。

《设计家》：未来，公司有什么新的发展方向吗？

凌克戈：除了酒店、文化和商业项目之外，改造项目是公司未来主要的发展方向，符合公司一体化设计的战略，也是公司主要推进的。南京白云亭艺术中心和江阴嘉荷酒店两个改造项目，建筑、室内、景观都是由都设公司来完成。

"对话"

王誉：我们做室内设计的，室内设计在建筑起来之前就介入了，这种情况您遇到的多不多？

凌克戈：酒店其实都是这样，我们倒不是每个项目都做室内设计，酒店室内设计做得很少，像江阴是我们觉得特别有意思才会去做。因为酒店室内设计对我们来说做的太累了，材料可能几百种。建筑师和室内设计师恰恰相反，你们可能觉得不赚钱的项目，我们觉得挺好，你们觉得赚钱的项目我们觉得很亏，就像酒店，对我们来说是很不愿意做酒店室内设计的，如果不是业主硬压着的话。

张纪中：是收费的问题吗？你们室内设计每平方米收多少钱？

凌克戈：收费也蛮高。但建筑师目前的薪水很高，做室内的设计肯定是亏的。我们接项目的时候不太按面积来收费，还是比较综合的。售楼处室内方案2000平方米的大概会收到60万元左右，别人看起来挺高，但我们的投入比做一个60万元的建筑设计要高几倍。很多时候我们做室内设计都是为了对这个项目的效果负责，并不是为盈利。我们要求建筑师做室内的方案，这样对他们做建筑时的尺度感空间感也有帮助。

余微微：很多地产商要赶工期，赶项目，为了卖而卖。实现建筑和室内融合，如何做切入点，这是很重要的，因为它直接影响到后面的设计方案。建筑设计首先是很大、很广的。我们现在看到的室内设计，是目前这个特殊阶段的场景。

凌克戈：原来做厦门海悦山庄的时候，建筑做完之后没管过室内设计，吃了很大苦头，建筑和室内设计完全脱节。中国的建筑师都是不做室内设计的，建筑做完之后室内设计人员再继续做，一般常规都是这样。本身从业主这个条线来说，可能觉得建筑是这样，室内可能是那样的。像星河湾那样的室内设计效果在中国是大行其道的，星河湾、绿城做的得很夸张，业主认为是市场的需要。不管建筑怎么样，室内都可以不考虑：建筑是玻璃幕墙，里面做出来也是这种欧式装饰的调调，建筑和室内完全脱节。中国的室内设计是美院体系的，我们中国第一批的室内设计者90%以上都是美院出身的，室内等同于装饰，和现代建筑学是完全背离的。国内的目前状况是建筑师就是做建筑的，然后室内设计师是另一批人，工作方式都不同。但是在国外不是这样的：要么像艺术学院，建筑、室内，包括做家具、杯子都是一起设计，叫做设计师；要么建筑、室内、景观都叫建筑学，是一体化的。

回过头来，在中国有室内尺度感的建筑师也是极少的。所以公司要求每一个建筑师都必须要做室内，做完以后就会对材料、尺度敏感。做建筑时感觉9米

×9 米好像很小，但是真的到室内就会发现 9 米 ×9 米其实是很大的一个空间。我们要求设计负责人不仅要做建筑，还要做室内景观。哪怕不是自己来做室内、景观，也必须要统筹。就像白云亭和江阴嘉荷这两个项目就不会感觉到室内外风格的差异，以及空间上的冲突。实际上，像江阴嘉荷酒店也有外包，灯光、幕墙、标示、室内方案的深化都是外包的。我们做是总体控制，几个主要的空间是我们在做，然后定风格定空间，至于装饰装修的一些细节，是室内设计公司再深化，公司再来协调把控。如果按照这个流程来操作，就不会有风格和空间冲突的问题。

余微微：你对在座的设计师最大的建议是什么？不管室内还是建筑？

凌克戈：首先现在很多开发商还是简单的拿地卖房模式，以营销为主导，在那里设计师要是谈建筑学那是很难混的。对于产品营销人员来说，产品能够卖给所有的人才是最好的，在他们看来这个楼盘哪怕只有 100 套房子，受众依然是几十万户家庭，并非针对 100、200 套的客户来做。而实际上满足那几十万户家庭的需求的房子满地都是，然后那几十万户家庭却买不起这房子或者可以买别人家的，最后就是价格战。我们刚才说到的现在的房产开发和社会学建筑学是割裂的，一些开发商站在他们的角度上一些做法是没错的，可站在社会学与建筑学的角度来看，就差的比较远了，当社会需求开始精细化多样化时这些开发商就很难满足客户需求了。所以设计师要做的不是跟着开发商亦步亦趋，而是应该适当的超前一些。我们提供的应该是更专业的服务而不是沦为大开发公司的画图工具。第二，目前室内和建筑景观过于割裂，现在要解决问题只能把它缝合。室内往前做，建筑往后做。特别是酒店，像克里希尔，就是建筑和室内、景观一把抓的。

余微微：我觉得有很多时候做室内没有研究建筑。室内设计行业有没有了解建筑呢？这是很有意思的话题，我们有时候经常做室内忽略了建筑。

凌克戈：实际上国际通常的都是建筑室内不分家的，我们是国内这么做却是比较少见的。首先从经济层面上来说，建筑师做室内是不划算的，假如同样一个水平的室内设计师和建筑师，建筑师这几年的身价可能是室内设计师的好几倍，做室内肯定不划算。中国这几年房地产市场太疯狂了，就像炒股票一样，什么股票都上去了。我感觉这两年因为没有那么多大项目做了，国内有大量的建筑师会认真去做项目，把一个事情往精里做。现在我有很多朋友就开始做一些店铺、咖啡厅的项目，我觉得这恰恰是中国建筑水平提升的一个体现。因为本来能力比较弱，还要一年做一百个项目，怎么都做不过一年只做一个项目的高水平的国外建筑师。所以在未来，也会由原来一个人做几个项目转变成几个人做一个项目，房地产冷下来之后中国的建筑设计水平是能够提升上去的。

王耆：中国传统文化、中式文化做好是很难的。中国和自己几千年的文化脱节了，现在都是国外的建筑。中国自己的建筑有很多的优点，是国外的建筑不能比拟的，在中国的环境下我们建筑设计师，朝着中国自己主创的自己的建筑风格发展，这个方向比较少的。

凌克戈：现在谁能说清楚什么是中国文化？难道所谓的国学是中国文化，你们认同吗？有些所谓的传统文化都是中国文化的糟粕。前段时间我看了一个微信，谈论的是龙柱子，延安高架的龙柱，其实本身就是工程问题，为了好看做个龙，却被很多人传的神乎其神，其实这就是中国文化的糟粕。某些人很多时候禅啊佛啊就是迷信，如果不信就用各种诅咒让你不敢不信。明代、唐代、宋代的文化，我们自己已经越来越少了，反而中国台湾、香港地区还有一些，包括日本也有中国文化，不是有人说看唐代去日本吗。台湾人做了一些东西出来，明显感觉这些作品有一种精神在，并不是做个符号那么简单。我们中国大陆所谓的中国文化很多是流于表面的一些符号学，弄个月亮门，做个格栅，穿个布帘子，泡个茶就是中国文化了？其实不是这样的。比如我们的气候条件、生活习惯造就了院落文化，这是发自内心的。我就喜欢待在院子里，别人看不到我，我在里面和几个朋友聊聊天，喝喝茶，挺好。文化是发自内心的，不是装出来的。

许晓东：现在有些室内设计变成装饰设计。

凌克戈：美院体系很容易转化为装饰，不叫室内设计，叫装修设计，很注重软装摆设。我们江阴那个项目，有一家装饰杂志来约稿，最后却没登。他说我们照片拍的太差，我当时很奇怪，照片我觉得拍的很好，他说我给你一套我们觉得好的看看。给我一套图片，全部都是局部，拿个桌子一盆花，用大焦镜头扫一个灯。我说这个拍出来让别人看了之后不知道这个房子是什么样子的，应该用广角镜头来拍。装饰杂志认为，这个大厅起码拍八张局部照片来解释，并不是一张就结束了。后来我明白了我关注的是空间，它们关注的是表皮。我现在也在努力寻求一些装饰性方面的学习，我们也在学习材料，也在学习软装的东西。室内设计师也应该更关注空间，更关注光影。

我们这批人估计很难融合，我们后面一批人因为他们教育背景很接近，我觉得到时中国不会再出现室内设计和建筑这样泾渭分明的区分，都叫设计师，只不过你更擅长于什么，就像更擅长住宅还是公建、酒店一样，可能我更擅长某一块，但也不是不懂其他的。很多香港的室内设计师，都是建筑出身，他们对空间的把控力就不错。

余微微：建筑设计师和室内设计师还有啥区别？

凌克戈：其实建筑相对受的外部影响比室内更多一点，建筑的完成度往往比不上室内。我一直羡慕室内设计师的一点就是室内的完成度比建筑要高。室内不会受太多规范上的影响，都是装饰层面的东西，建筑就麻烦得多了。所以，这方面室内设计师是蛮幸福的，建筑在没干出来之前你永远不知道会变成啥样。室内没贴平，你把它挖下来重贴就完了，但幕墙呢，挂歪了没办法了，涂料刷平都很难，一个混凝土方柱子浇成圆的了，你也只能跟着它去改。

我们就是觉得室内好玩，所以才涉猎一下，包括对这个项目本身想负些责任，所以我们往前伸一点。

周翔：我们是做设计这个专业，我们还要跳出这个框框看，不要简单的我们是做室内的，我们就用室内的眼光来看待做建筑的，或者我们用建筑的眼光来看待室内的，我觉得这个不是最根本的原因，想想我们为什么这么看，我觉得还是要回归到人，做符合于人的设计，文化这个东西绝对不是附会的，就是刚才那个命题“中式文化怎么怎么样”，我觉得是因为没有研究，研究之后绝对不一样，在浮躁的社会当中花一点心思，去研究什么是中式，什么是中式建筑，绝对有东方人的特点。

刘涛：我个人认为如果做一个作品的话，拆成三部分——“人”“性”“化”。“人”，就是说所做的作品是给谁用的，也许是你自用的，也许是给消费者用的；“性”，个性，这里面所代表的个性是什么？就是要深层次的研究它，“化”就是说消化吸收前面两点，怎么把它表现出现，就是“人性化”。

周翔：再进一步说就是要有策划的思路，要研究人，住在这里面的人或者要使用的人是谁，客户需求是什么？他到底要亮的还是要暗的，要有灯还是要没灯。

余微微：就像刚才说的，我要给甲方提供一个方案，其实作为我来讲，我们设计师为什么不敢拒绝甲方？从反面论证的话，是不是我们没有能力去说服甲方，才准备了这么多案例？我觉得不是这样的，是我们是经常会被甲方拒绝。

周卫：像我们做室内有一个引导的过程，有些业主自己喜欢的方案跟他心里真正想要的并不是一样的，作为一个设计师，更多的是要引导客户。遇到引导不了的情况时，就要选一个平衡点，在满足业主需求的前提下尽量达到我们所想要的效果。做建筑有时候羡慕室内，我们做室内实际上往往有时候也感觉做建筑蛮有意思，因为现在很多项目在互相糅合，设计师就像做雕塑，他更多的时候是在外围看，我们做室内更多是在里面看，角度不同，各方面都是不一样的。我们以后，包括现在做的一些项目就要把这个项目做完整，要换位思考，换一个角度去看问题，不单单是站在现有的角度看。

余微微：我们都是搞风格的专家，我不相信哪一个开发商谈风格能比我们强，任何甲方的核心点跟政府的文化项目又是不大一样的，只要是商业项目，有一点是肯定的，甲方要赚钱，你怎么告诉他能赚钱就行了，至于你想怎么表达艺术都可以。你告诉他这个艺术表达能赚钱就行了，你跟他解释艺术是很困难的，没法解释。我说的引导是这样的引导。

A "Traditional" Designer Upheld by Sincere Design

一位“传统”设计师所坚持的诚恳设计

——访李玮珉建筑师事务所＋上海越界（LWMA） 李玮珉

台湾建筑师李玮珉，已经鲜少在公众场合露面，网络上除了漫长的陈年情史，极少有作品推介，公司网页也久未更新内容，在设计界注重品牌、形象、包装的当下，似乎有些不合时宜。

李玮珉先后于台湾和美国接受过良好的建筑学教育，从哈佛的讲求与环境关联的城市综合体方向到哥大的建筑解构方向，再到回台湾教书时开始涉猎的室内设计专业，作为建筑师，他获得了是较为完整的专业经验，但他自认为，相对而言受到局限也非常大。“我们一直在用一种相对比较实际而低调的方式，解决设计面临的问题”，无法因为一个建筑外部造型而忽略了内部任何一扇窗户，因为每一扇窗户后面都有一个使用者。

他认为，无论是艺术家、建筑师还是商人，都会有自己的一个专业理念，支撑这个理念的是其个人的核心价值观，而这个核心价值观的形成，甚至是早于专业学习的，也许是从童年时代就开始慢慢累积了。小时候读中国文学，背《古文观止》，这些看起来和建筑毫无关系的成长经历，其实和日后的建筑创作多多少少是有关系的。他主张每一份设计都应该包含设计师对自身文化最好的诠释，也是文化积淀的产物。对他而言，建筑是可以放弃的，因为它只是一个平台，但是对于文化的认知和延续，是永不放弃的目的。

在时下的商业社会里，设计是一种商业模式，已经毋庸置疑，大部分设计师都被涵盖在这个商业模式内，但是设计和文化另外的可能性却还没有被清楚地勾勒出来。设计师可以通过推销自己来获得商业的成功，也可利用商业运作将文化提升到另外一种高度。这是两种态度，李玮珉坦言，他更推崇后者，并毫不讳言，即便是如此保守，事务所在商业上也是成功的。沉得住气，做诚恳的设计，商业上的成功并非难事。对于其代表作涵璧湾，他认为是以创新的理念重新和中国的历史、人文接轨，由此获得的一些经验，会在后续的其他项目中继续延伸优化，它的影响力不是只看市场，而是看未来的可发展性。

建筑师的核心价值观形成早于建筑学习年代

《设计家》：能否简单介绍一下您是什么时候开始接触建筑的？并请谈谈您主要的学习、职业经历。

李玮珉：在我高中毕业的时候，台湾地区正处于经济起飞前夕，处于戒严时期到思想开放的过渡时期，整个社会还是蛮静态的。在一个静态社会中，台湾的高考所能选择的专业有一定的局限性，倘若与政治无关的也只有医学与工程类专业，而在这当中，医生的地位比较高，台湾本土的人往往会优先选择它，而像我这样的外省人就比较倾向工程类专业，这其中建筑系相对有趣些，我便顺理成章进入建筑系学习。

当年的台湾地区根本找不到一栋令人感动的建筑。在大学期间，我认为建筑师是为资本家服务的，所以也有一些反叛情绪。毕业之后，申请到哈佛大学建筑系的学习机会。哈佛大学是一个传统又专

李玮珉

李玮珉建筑师事务所＋上海越界（LWMA）

中国台湾淡江大学建筑学士、美国哈佛大学及哥伦比亚大学硕士双学位；

美国纽约州注册建筑师、中国台湾注册建筑师；

曾在新加坡、美国从事建筑设计师多年之后，于1991年成立李玮珉建筑师事务所；2007年荣获Martell年度精英人物；

代表作品：涵璧湾等。

中式设计，您如何看待？

李玮珉：我认可我的设计是简约的，21世纪的，但我不认为我做的是纯中式的设计。在学生时期，我就开始思考“什么样的建筑才是能够代表中国文化，才适合中国人现在的生活”这个议题。“中国人需要什么样的空间文化？”在当老师期间，学生总是会问起这个问题。我也是在那段时找到了一个比较具体的答案：如果你是一个真正的中国人，就根本没有必要将“中国元素”这顶帽子揣在兜里，在关键时刻拿出来扣在脑门上。因为，我们所有的生活都是一种属于中国人的生活方式。无论是台湾地区对中国文化的传承，还是大陆地区对中国文化的否定和背叛，这都是一种文化现象；不管是大陆的文革还是台湾的新生活运动，这也都是中国不可磨灭的一个时期，那个时期所创造的东西也是一种中式文化。我认为不管你是走在上海的南京东路还是台北的南京东路，那四周的建筑都将成为中国历史的一部分。创作本来就要与时代互动，不管是尊重传统文化的中式设计，还是在浮躁背景下的山寨巴洛克设计，在百年后，这都将是属于中国人历史的一部分。这好比那些巴洛克建筑，其实这种建筑在欧洲历史里也曾经是“土豪”的象征，反映的是当时社会的奢华，但是现在看来，那就是属于那个时代的经典建筑。所以，设计师完全不用拿着“中式”的包袱，硬生生将一些中国符号放入原有设计之中。我觉得，能感动到中国人的建筑便是一种中式。

我觉得当代中国人所住的别墅不应该仅是一个北京四合院、一个闽南土楼……它应该是一个融有中国特色的HOUSE概念的现代建筑。我们曾负责涵璧湾项目中的室内设计部分。这个项目的建筑设计由张永和老师负责，张老师是典型的北方人，他所设计的院子有着明显的北方特色，有些许封闭感。我们当时主要任务便是对那个空间进行调整，我们打掉了几面墙，希望空间能在视觉与氛围上做一个延续，仿佛看到中国未来生活的一些可能性。我觉得应该比较符合中国人现在的心理状态，能给予人们更多的信心，让原来的设计变得更加时尚，在这个中式设计中增添一份现代的美感和品味。

虽然我们有一些内疚，因为我们常常在做一些非常昂贵的产品，但是我觉得其中还是有很多正面的价值，因为它被参考的可能性很大，而且我们会在里面尽量不去用传统的装饰符号，让真正的人性生活品质变成很高的价值，我相信它会是正面的。

《设计家》：您如何看待涵璧湾对于您个人创作历程的意义？

李玮珉：涵璧湾在大的环境里有某种代表性，不仅是对我们的设计而言。当然，不只是涵璧湾，还包括在通州的长安运河会所，各种大大小小的尝试，有些具象，有些比较抽象，还有更不拘形式的。我们相信在这个时间段内，可以找到一些不同的案子，也许看起来风马牛不相及，有的在上海，有的在北京，但其实它们可能在做一些类似的事情，在以创新的理念重新和中国的历史、人文接轨。

《设计家》：您觉得涵璧湾项目在商业上成功吗？

李玮珉：涵璧湾在商业上操作可能是不成功的，相对于那些开发商巨头，涵璧湾项目开发商的实力有限，周边环境配套也还不成熟。开发商是一个非常理想主义的人，他其实真的有一些固执，很相信张永和，很相信这个社会上有值得相信的人。对于这个项目，如果他失败了还是蛮遗憾的。涵璧湾这类项目是很多大开发商应该做的事情。

《设计家》：如果涵璧湾在商业上不成功，会影响到相关设计理念的推广吗？

李玮珉：我觉得不一定，设计界就有很多商业上不成功，但在设计和文化上影响深远的案例，有可能商业上成功的影响也不一定那么深远。

作为设计者，涵璧湾是我们做的一个实验，我们由此获得的一些经验，会在后续的万柳书院或者其他项目中继续延伸优化，我们不会放弃这些经验。就像你今天看到苹果手机的触摸屏做得很成功，但是追溯到以前，苹果也做了很多失败的产品。涵璧湾项目好比苹果手机初期研发阶段的一个作品，具有很深远的意义。我们不必去感叹为何如此多设计平庸的商业建筑受到热捧，可这样一个深具意义的作品却无人问津。也许真正好的文学作品读者也会很少。它的影响力不业的学校。这种美国东海岸的老派教学方法为我后来的职业生涯带去了很大的帮助。

由于在哈佛学的是城市综合体的开发，所以在毕业之后去了新加坡做了两年的城市规划师。那个时候，新加坡刚刚开始做地铁，地铁周边的开发等设计对我来说规模偏大，而自己内心更希望做一些精雕细琢的小空间。于是，我又进了哥伦比亚大学读了建筑专业的另一个方向。在此之后的很多年，我便一直在美国学习生活，也在那里考了建筑师职称。在美国期间，公司老板为犹太人，在他们眼里，东方人是技术型人才，不太会让我们做一些创意性设计部分。也就是在这个时候，当时一位来美国游学的朋友林怀民让我有了回台湾发展的心。

回到台湾之后，我找到了一份在大学教室内设计的工作。当年的台湾没有严格意义上的室内设计，在进入这个学科后便开始自学室内设计的专业知识。与此同时，在台湾开了个小的工作室，也是在这段期间，我对室内设计本身产生了兴趣。

《设计家》：您有多元化的成长和专业背景，从什么阶段逐渐形成自己的建筑理念与风格？而这些经历又对你的设计带来怎样的影响？

李玮珉：我觉得无论是一个艺术家、建筑师还是是一个商人都会有自己行业的一个理念，而这些理念大多是一种专业学术理念，这只是一种操作手法的理念，在这个理念背后应该也包含着他个人的核心价值。建筑师希望通过创作将这种核心价值变成一种状态，这种核心的价值观才是建筑师想要表达的一种理念，它诞生于早于建筑学学习的那个年代。我认为，在专业建筑学校的学习不过是在学习一种运作方式，一种态度及技巧，而真正核心的理念应该不是来源于学校，也许从你的童年时代就开始慢慢累积起来了。我生长在台湾的公务员家庭，父母都是从大陆过去的外省人，经济条件有限，可能不像本地人家庭那样每家都有昂贵的乐器，或者经常出国旅行。我父母能想到的给子女比较好的超过学校的教育就是念念古文，念念中国的文学、文字，学习中国文化相对变成蛮重要的事情。小时候我们家小孩没有零用钱，我母亲有本书叫《古文观止》，不管长短，她听到我背完一篇，如果错字不太多，就给 5 毛零用钱。他们还是非常的传统。这些事情看起来跟建筑没有关系，但是其实多多少少都有一点关系。

我在美国学了建筑学专业的两个方向，在哈佛大学读的城市综合体，讲究的是一群建筑怎么被组织起来，比较注重建筑设计怎样和周边的环境或者其他的建筑发生一种互动的关系。在哥大读的是建筑设计，非常注重建筑本身内在的探索，注重将建筑本身解构，从而设计打破常规的建筑。其实所有真正教育的过程与其说是很开心地吸纳一件东西，不如说你是很痛苦地把自己相信的事情去和所受教育之间做一种对比、冲撞。再加上后来回台湾因为教学的缘故因缘际会对室内设计有了学习、理解等等，也是蛮有趣的经验。

每一份设计都应该是设计师对本民族文化最好的诠释

《设计家》：中国大陆的城市发展迅速，很多城市规划和建筑设计都很粗糙，请谈谈您对中国城市现状的看法。

李玮珉：事实上台湾也经历过这样的一个时期，整个城市是用最快速的方式粗糙地去构架，毫无美感可言。但是这么多年过去后，你会发现，那个时代所留下来的东西其实并不那么丑，因为一个城市的美丑并不只在于建筑，而在于人本身。就如纽约的建筑也很丑，整个城市规划有些混乱。但是，你不会觉得纽约丑，原因在于在那个城市的“人”。“人”可以去诠释他的城市，让原本并不那么美好的城市变得美好。相反，巴黎就与纽约不同，巴黎的建筑美到极致，可看这个城市，却又如同一个壳子般不见得完美。所以，我觉得中国现在这样大规模地建造房子并不会影响整个城市的形象，关键还是看整个城市中的“人”。

《设计家》：大家习惯定义您的设计是现代简约的

是只看市场，而是看未来的可发展性。涵璧湾是在人文创作上做出的一个类似标杆的项目。

《设计家》：您现在如何选择开发商？

李玮珉：找到我们的开发商，十个有九个是已经知道我们是做什么的，而且考虑过了，不一定是很大的开发商，比如万科可能就不会找我们，他们知道我们做的事情和他们的节奏不一样。我们会过滤客户。如果只是做一个样板房我们一定不做，这样会淘汰掉一些客户。如果有些客户仅仅希望拼凑一些不同的设计师和热闹的风格组合，好像马戏团一样，要凑足猴子、猩猩、大象，这样的事我们也不参加，自然又会淘汰一些客户。所以，我们是要深度完整地参与，将我们的所有经验传达给使用者。我一定是签了约才开始做事，这是务必要坚持的。因为虽然大部分开发商不在乎设计师的费用，但是当真正掏钱的时候还是要有一份企图心，我需要那个企图心，我需要他想清楚，他才会把钱掏出来。

我觉得公司的操作方式与个人人格特质有关系。我非常理解梁志天先生那类大型公司的操作方式，公司大到那个地步，你就必须所有案子都接，在某种程度上去消化。我相信他是负责任的设计师，他至少要让出去的东西交代得过去，我相信他能够做到这一点。但是如果我们的工作只是为了交代一些还可以的东西，而不是站得更高，看得更远，我宁愿找个湖边去钓鱼。

也许我是一个比较传统的设计师，我认为，作为设计师可以适当包装，但不能将重心都放在商业行销上。我觉得梁志天是在特殊时代背景下产生的一个现象，无论是走设计路线还是走商业路线都无法与时代环境脱钩开来。在我刚刚从事设计行业的时候，设计公司的运作方式比较传统，一板一眼，按部就班，而现在年轻设计师的成长环境已经完全不同。他们拥有太多的诱惑，仿佛已经不能像我们当初那样单纯地做设计。

《设计家》：您如何看待中国设计的现状？

李玮珉：每个人都有其不同的判断方式，虽说中国设计师在世界有崛起的机会，但我认为，目前中国设计师在世界还没有太被认可。设计界有时互相吹嘘，事实上这是一种浮华的表现，还没到真正步入成熟的阶段，中国的设计也还没被全世界所重视。每一份设计都应该是设计师对生活最好的诠释。世人尊重你，是因为你能将对生活的情感以最让人感动的形式传达给别人。日本设计师让人了解日本文化，瑞士设计师让人了解瑞士精神，这就铸成了人与人互相沟通的世界。

我主张从比较广的角度看你的文化处境，对我来说，文化的核心价值比建筑的核心意义更重要一点。建筑是可以放弃的，因为它只是一个平台，但是对于文化的认知和理解，是我希望自己永不放弃的一件事情，这是很清楚的。当然建筑有建筑的一些核心价值。

设计师为了生存需要通过创作去卖设计，从某种程度上这种行为也类似于卖矿泉水，但设计与卖矿泉水是有区别的，设计师所设计的东西能感动一群人，但卖矿泉水很难。设计师可以通过推销自己来获得商业的成功，也可将文化提升到另外一种高度。这是两种态度，我更推崇后一种。我觉得人必须抓住一些机会去做一些事情，倘若只是抓住机会去做商业行销这一件事情，那是比较遗憾的。

“我们”的设计都会有“我”的参与

《设计家》：您有着多元化的成长和专业背景，您的事务所名为“越界”，是否希望在实践中跨越学科和专业的边界，能否简单介绍下事务所？

李玮珉：“越界”这个名字的意思是有您刚才所说的那一层意思，但事实上这个“越界”名词来源于我当时朋友所组成的一个舞团的名字——台湾越界舞团。我借用了这个随性的名字，希望能够让这个事务所在人们惧怕的边界做自己的创意，不被其他事情所束缚。

事务所目前在台湾、上海、北京设立三个办公室，6 名设计总监，一共近 100 名同事，扣掉行政人员，大概还有六七十位设计师。我认为，对于真正想做创作的建筑师，一个20多人规模的事务所已经达到我们的极限，所以不会再扩张了。现在，这三地办公室完全是一个整体，上海的同事会做北京的项目，北京的同事会做深圳的项目，而台北的同事也会去做杭州的项目。

我们事务所的团队成员非常优秀，中间有许多是我的学生，他们与我一起工作了十几年，是一个较为稳固的团队。设计与生活息息相关，我们希望事务所的同事能去各处旅游，在旅游中获取灵感。事务所做每一个项目都是一个集体工作，而非只是个体创作。意识到这一点，所以我自己一直努力在个人与团体中间达到一个平衡点。与此同时，为了避免变成业务建筑师，我也很少去参加演讲活动。

《设计家》：请谈谈您目前的重点工作。您的设计所涉及的领域有哪些？

李玮珉：我们所涉及的领域包括从规划、景观、建筑到室内的一整个系列。前段时间做的万柳书院项目就是从建筑设计开始做到室内设计。

《设计家》：现在公司的案子里，您亲自掌握的程度是怎样的？

李玮珉：不只是你在问，每个客户在问，你到底做多少？事务所在接案子的时候，我会亲自去接触每一位顾客，在与顾客交流中来判断是否可以接这个案子，倘若觉得不太适合，我会非常直白地回绝业主。虽说我是事务所的管理者，但每拿到一个案子，前期工作我一定会参与。我们需要把每个案子基本的精神定下来，基本的空间结构定下来。也许画施工图、选材料方面，我们同事可能比我更有实际经验，我就会将这些交给同事们做。但是他必须被掌握，我很难不去参与，不去做这些决定的事情。

在任何时候，虽说我基本都会说"我们"，但是我不能避免这个"我们"中有"我"的存在，也就是说我参与每一个案子的设计。因为每个设计，其实都是面对世界提出的问题，寻找一种更好的答案，有这么好的机会让你去回答，为什么不参与？当然，如果案子多而精力少，那我们就会选择不做，这是一个非常简单的事情。

《设计家》：您现在的工作是每天上下班的全职状态吗？

李玮珉：是全职的工作，但是我不必也无法每天坐在办公室里。

沉得住气做诚恳的设计，商业上的成功并不难

《设计家》：贵所目前在商业上的情形如何？现在一些年轻设计师可能会担心，如果坚持了文化的追求，会影响到商业上的成功。

李玮珉：因为设计要变成商业这件事已经有了足够多的讨论架构和形成脉络了，设计是一种商业模式，大部分设计师都在做商业，但是设计和文化的关系是没有源头的，所以没有人把设计和文化另外的可能性很清楚地勾勒出来，变成一个可辩证的事实。

我从来不觉得我是生意人，我在年轻的时候如果知道以后要负担100个人的薪水，我想我会非常惶恐，这是完全不可以想象的事情，但是确实现在慢慢变成这样，因为你会有团队。我觉得我们商业上很好，我们在商业上一直很保守，还是可以运营得很好。我们很努力地把客户期待的设计做出来，因为在中国最缺乏的商品叫做诚恳。我和同事说，一点不用担心，只要我们很诚恳把每个事情做好，你就会发光、发亮，别人就会看到你。我觉得商业上的成功不是很困难，只要你很诚恳尽量努力把事情做好，你会发现这样的专业服务还蛮少的，这样你就可以成功了，或者你至少可以很好地生存。

但是我们必须换个角度来看，我这个事务所成立至今快23年了，事实上在前面的十多年，我们也是非常艰苦的。事务所接一个工程，我们做一个设计，收了应有的费用，发完同事的薪水，自己的生活就是"刚刚好"的感觉，开开心心将事情做好，没有累积到多少财富。但是现在回头看很多欧洲的朋友，其他的建筑师都还是这个样子的生活，所以蛮正常的。

我一直到36岁才成立自己的工作室，之前在新加坡和纽约的事务所里做一个建筑设计师，然而，现在中国很多建筑师如果到35岁的时候还没有赚到第一桶

金，他已经羞愧于他的家人、同学和他的竞争对手了。

《设计家》：现在的年轻人的确有很多生存的焦虑和对成功的渴望，我觉得要理解他们那种想法，但是他们缺乏一些不一样的选择，他们可能只看到商业运作的模式，没有看到其他的模式。我们觉得成功设计师其实有多种类型，每个年轻设计师应该根据自身特质，从自己的内心出发，进行不一样的选择。您觉得如果是在现在这个时代，您还能坚持吗？

李玮珉：我不知道会不会再做同样的事情。但另外一个角度，我觉得如果你是天性如此，我相信在什么时代都是一样的，我觉得我坚持的机会还蛮大的。

我希望在每个阶段做得更深刻一点，更沉得住气一点点。我到 36 岁的时候才回到台湾开始自己的事业，很晚了，当别人已经飞黄腾达，开着奔驰在街上跑的时候，我开着我亲戚送给我的一辆旧车，现在看起来那时候还甘之如饴，觉得理所当然。因为我从纽约回去，纽约的人都是这样，有的连车都没有。我觉得沉得住气这件事情还是很关键，要知道任何事情需要时间。就像我回到台湾的时候，同学开玩笑说，你现在回来太晚了，经济景气已经过了，现在已经开始往下走了。我说一点关系都没有，回来成立一个团队，我要十年的时间才能做好，当时是开玩笑，但是后来变成真的。1991 年我们成立了台北的办公室，到 2001 年成立上海办公室，2010 年成立北京办公室，都是十年的时间一点点做起来，一点都不急。我觉得十年是对的，沉得住气是对的，这是我个人个性的一部分。

今天在北上广的年轻人，还能不能有 5 ~ 10 年积累的机会，我真的不是那么确定，但是我觉得沉得住气是相当重要的一件事情。历史看一个人的成败，绝对比今年年终的时候换什么样的车，去哪里旅行，来得更长远。但是，问题是现在的年轻人完全没有经验，无法从比较大的距离看事情，包括房地产泡沫和就业。中国人还不知道裁员是怎么回事，但是如果到欧洲、美国，你看过周边每一个人都会在经济不景气时裁掉，你就会知道经济是有上上下下的。现在，当人们没有承担过这种历史的时候，这个文化和这个国家还不算洗练，还需要很多的过程才会真正的成熟，真正变成一个崛起的文化大国。我没有办法很严厉批判现在的年轻人，他成长的环境就是这样的，但是至少我们可以把话先说到那。

我相信有些人把商业操作得非常好，跟客户拉关系，那绝对是一种方式。但是有些人会专心地做他的一些事情。一个好的社会环境应该允许、理解和尊重不同的存在方式，而不是用一种方式否定另外一种方式。如果将某一种方式定义为价值标准那是错的。

在台湾学习期间，我觉得建筑是为资本家服务的。进入哈佛大学之后，老师就像是为我打开了潘多拉的盒子，让我发现，原来建筑不仅仅只是为资本家服务，去设计一个房子拥有如此多辩证的可能性，它可以成为你探索世界的测量工具，并且值得你寄托终身。

虽然我极少参加室内设计的比赛，我也能理解年轻设计师想出头的心态。他们希望能够找一个途径来展现自己的才能，这没有错，但一定要沉住气，不能过于浮躁。社会往前走就是充满着大大小小的欲望，所以，只要社会是往前的，总是会出现一些人去做一些炒作性的自我宣传，关键还是看自己。

从不同的罗曼史，到琢磨怎样做父亲

《设计家》：您未来的方向是什么？对于工作和生活有什么计划？

李玮珉：计划很简单，就是希望一直把设计工作做下去。前一阵子在聚会里认识一位意大利设计师，他已经 80 多岁了，个子不高，头发已经全白，但是精神非常好，这给我触动很大。我觉得建筑师这份工作比较好的地方就是，其知识经验可以不断累积，相比演艺界只能做到三、四十岁的现象，建筑师完全可以做到 80 多岁。

当然，我说的做到 80 多岁并不是指占个位置，而是让自己的内在持续成长，延续到很久。我的想法很单纯，就是要保持自己成长的状态，将这份工作做下去。当然，这中间会有被社会或自己淘汰的风险，所以就需要不断地进步。一个人能够开开心心的，健健康康到 80 岁的时候还能够继续做你喜欢的创作，也许，某一个白天，在某一个路口的转弯处，有人说：你是李先生，我看过你那些东西，我觉得真的很棒，继续加油，我觉得那是很感人的事情。

《设计家》：作为一位资深设计师，您有没有考虑过团队接班之类的问题？

李玮珉：我有在想，但是我希望不要用企业的观点来思考这件事情。我们今天这些同事，如果自己出去闯一片天地，他的班子可能比这里大。我们出去的同事做得都很不错，不管被别人挖角的还是怎么样。是不是要接班，以他们的能力或者对于我们这样层面的事务所来说，不是那么重要，因为每个人都是江湖高手，为什么自己不能创作呢？就像武林中，如果有一天华山派不干了，每个人走到江湖里其实都可以自成一个门派，这个境界我觉得比讨论怎么接班更重要。

《设计家》：我们在网上看到过您和不同人的罗曼史，请问您现在的生活状态怎样？

李玮珉：现在是很简单的家庭生活。我有一个 2 岁的儿子、4 岁的女儿，超级可爱！我很庆幸是在团队已经很强大，我在专业上不需要像以往那么大量投入的时候开始有了他们，因为做父亲需要很多时间。

《设计家》：您觉得自己是怎样的父亲？

李玮珉：我正在琢磨这件事情。本来我要做一个慈父的，但是现在看来不打屁股是无法整顿家里纪律的。但是无论如何我希望有一天他们觉得这个父亲是值得他们骄傲的，这是蛮重要的。至于他们长大的时候要做什么是他们自己的事情。

《设计家》：您觉得是成为让他们骄傲的父亲更重要，还是成为他们喜欢的父亲更重要？

李玮珉：人真正要喜欢一个人一定是要信仰、崇拜和认同的，尊敬和骄傲可能比较重要，喜欢不一定真是深刻的体会，但是让他们骄傲，我觉得他们会喜欢的。

Find Myself in Constantly Self-denial

在不断自我否定中寻找自己

——访唯想国际创始人、董事长、创意总监 李想

和许多80后年轻人一样，李想从小就有着强烈的自我意识，个性独立，不喜拘束。比很多人幸运的是，家境优越的她，家教甚严，琴棋书画样样都学，培养了很好的艺术素养。15岁出国，16岁在马来西亚攻读第一个建筑学位，毕业后，渴望继续深造的李想去了英国攻读建筑学。2009年，刚毕业的李想回到上海，在经历了短短几个月的工作后，她在毫无经验积累的情况下组建了自己的设计事务所。她说："我开公司就想做自己想做的设计，不随波逐流，看看自己能发展到什么程度。"虽然是建筑专业背景，但李想对室内设计也有独特的看法，相比建筑，室内空间是软性的，近来她又先后完成了云水格精品酒店和钟书阁二期的设计，再次奠定了她进入室内设计的基础。随着项目增多，事务所也在逐渐扩大，李想却始终坚持把设计的品质放在第一位，她认为在设计中不断自我否定是完善自身设计的一种很好的方法，而设计师的信念可以引导最终呈现的结果。对于精品酒店设计的要素和未来，她认为要抓住多种元素，凸显定制化设计和地域性特征。作为一名设计师，李想很注重职业操守和设计尊严，她认为当今中国设计市场仍然存在许多设计抄袭和拼凑现象，大师们的设计逻辑可以学习，却不能完全照搬，设计需要为产业创造价值进而提升自己的价值。作为一个社会人，李想有很强的社会责任感，她呼吁人们珍爱生命从善待身边的动物开始。

个性张扬，不走"寻常路"

《设计家》：请简单介绍一下您的学习和工作经历。

李想：从小到大，父母对我管教很严格，琴棋书画样样都要学，也许是为了挣脱这种束缚，才会特别思考如何可以更合情理地说服家长。在15岁时，我列举了各种案例来说服父母送我出国读高中。高中没读完我就跳级读了建筑系，16岁时，我在马来西亚攻读了第一个建筑学位，毕业后我又去了英国继续学习建筑学，直到2009年回国工作。

《设计家》：您为何会对建筑产生兴趣？

李想：从专业角度讲，建筑师是非常理性的职业，但从艺术角度看，建筑师需要有开阔的思维，这一点很符合我的性格。只是在性格之外还需要磨练责任感和细致度，才可以承担起建筑的行业要求。但是当初能进入建筑学院学习也算是美丽的意外，抱着试一试的想法突破父母既定下的商学科目，选择自己比较喜欢的设计行业。由于小时候学习过琴棋书画，培养了一些艺术感，虽然对建筑艺术

李想

唯想国际创始人／董事长／创意总监／RIBA 会员；

毕业于英国伯明翰城市大学，英国／马来西亚双建筑学士学位，多年的马来西亚和英国留学及工作经验，曾获得马来西亚著名 SBC 绿色建筑设计大奖，并多项设计入围英国皇家建筑设计协会展览。

2009年归国，完成超高层建筑和大型商业项目。2011年创立唯想建筑设计（上海）有限公司，荣获2013年度 IDA 十佳室内设计师、2013年度 IDA 室内设计黄金联赛公共空间一等奖、2013年透视设计大奖最佳商业空间奖、2014年金外滩"最佳商业空间奖"、2014年亚洲最具影响力设计铜奖、2015年金外滩最大奖"金外滩奖"

说不上完全了解，但感觉与绘画、畅想有关，我就比较喜欢。进入到建筑系后，我发现这个学科里没有中国学生，我便成了学院里第一个中国学生。由于这个原因，也给我后来的学习带来不少挑战，在刚入学的两年时间里，我一直靠“三脚猫”的英语去摸索建筑学的意义，思考了许多。等到语言障碍解除时，我发现之前的思考给自己打下了比较好的设计基础，等到去英国读建筑学时，我对建筑已经有了一定的自我解读，对建筑的方向也有一定的理解。

创业只为做自己想要的设计

《设计家》：您出于何种考量成立唯想建筑设计？

李想：毕业后，我觉得国内的市场很大，而且做设计的机会比较多，可以得到更多的锻炼，于是我就想回国历练。回到上海，我开始跟着一位资深著名建筑师做设计，后来被老先生推荐到中国建筑科学研究院，在那里工作了几个月，学到了很多，但后来还是决定离开组建自己的公司。我开公司时没什么经验，很多人都是在有了丰富的经验或准备充足的情况下开公司，但我不喜欢走所谓的惯例，且认为年轻人创业也未尝不是一件好事，再者，没有经验有没有经验的做法，重点在于自己怎样跳出惯性的思维来思考。我想以自己的意志为圆心，做自己想做的设计，不随波逐流，挑战自己，打拼一个属于自己的职业历程。

《设计家》：公司的组织架构是怎样的？您主要的工作是什么？

李想：在 2010 年就有成立公司的想法，2011 年有了正式的办公室并招聘到员工。到现在公司开了四年多，目前以上海公司为主，我作为独立法人和总经理。我在香港和英国分别注册了公司，希望邀请我的同学及好友参与进来。在做项目时我是一个独立思考并作最终决定的设计师，在管理上，我是团队成员的好朋友乃至亲人，我的工作不仅是做好一个设计师的本职，更是创造属于我们团队的设计天地，我也会像一个小家长一样带领团队共同努力，共同进步。

《设计家》：公司的项目来源是什么？

李想：许多私营业主和开发商是我们的老客户，因为每次都出色地完成业主的项目，也因此获得业主的信任，有了项目就找我们做。不仅是老客户，我们也希望把自己的设计态度及理念呈现给更多的潜在甲方，从而主动找我们合作。

《设计家》：公司目前的发展情况怎样？

李想：公司现在很平稳，有认可我们的客户，我们懂得如何将项目做得更好。随着经验的累积，相信我们可以为客户提供更好的服务，非常感谢客户信任我们，并给予我们更多类型的设计任务，使我们的设计范围慢慢扩大。现在团队也在扩大，加入了更多优秀的队友，相信我们会把设计做得越来越好。

《设计家》：公司的规模会扩大吗？

李想：今年有扩张的需求，扩张的目的不是为了可以做更多的项目，是考虑如何使设计的优势惠及更多人。我们扩充团队是为研发一个新的领域，希望能通过我们的努力，不仅把优秀美好的设计带给开发商及有实力的私人企业，也同时可以把美好传递给更多的人和家庭。

设计师需要自我否定

《设计家》：您在设计钟书阁项目时遇到哪些困难？一期和二期设计最大的区别是什么？

李想：我做设计唯一的困难是难以克服自己心理上不断自我否定的问题。如果时间充裕，我会一直修改设计方案，直到完美。自我否定是个好习惯，但需要遇到好的项目和好的甲方。钟书阁的一期和二期遇到的最大的困难就是时间紧，任务重，两期最大的区别在于相隔两年时间，我们的设计逻辑和应对施工难点时的解决态度，二期的设计相比于一期具有更加震撼的场景感和故事性，通过故事性的设计吸引更多读者。

《设计家》：二期的设计灵感来自什么？

李想：二期的灵感有很多，我们有太多的想法要表达，所以最后每个场景背后都有故事来串联。比如童书馆，我们思考了很多种形式去表现，最后我们发现孩子的世界是单纯的色彩与善良，于是我们在地面铺上世界地图，让小朋友能够寓教于乐，又上网搜索孩子喜欢的东西。我们发现小朋友抒发情感的方式是画画，孩子画中幼稚的线条，对色彩的狂热，涂得满满的纸张。我们就在设计中用了小朋友幼稚的五幅画：猫、犀牛、鹦鹉、蝴蝶、海马，并在每个动物后面设计了背景，摆放很多的动物书架，希望就此打造一个梦幻的动物园图书馆。

《设计家》：钟书阁二期的设计亮点是什么？预算是否足够？

李想：无处不亮点，比如儿童空间的塑胶地板上的世界地图，很多设计师想过这种设计，但在实际操作中就会遇到施工难和厂家生产难的问题。这块塑胶地板的亮点不在于产品和样式本身，而在于它集结了不同行业的人一起参与设计。先由平面设计师将整张世界地图描绘出来，然后找专业的地板厂商制作，设计师来打色块，最后拼装，整个过程既复杂又充满挑战。这个项目的预算完全足够。第一，我们没有用名贵材料；第二，在设计过程中，一些工艺已经在我的脑海里，我对施工费用有一定的预见。

种下善“因”，通过努力获得善“果”

《设计家》：您如何管理团队并管控项目质量？

李想：我从小就是孩子王，从小就是别人听我的。有些东西可能是天生的，我敢于开公司，可能潜意识里认为自己可以管理一个团队。对于团队成员，首先要让他们找到自己的价值，实现自己的价值；其次我会与他们沟通好我需要的工作方式，让他们知道该做什么，我们会达到什么目标；最后还会多管闲事地给他们做好未来事业的规划。所以我们的团队很齐心协力，我们可以找到一致的价值观，在同一价值观上，大家更容易信任彼此。

《设计家》：您如何控制项目完成的执行度？

李想：钟书阁完成后实际比效果图还漂亮。钟书阁一期是我第一个室内设计作品，我在开始时告诉甲方钟书阁一定会比效果图漂亮，其实是给甲方一颗定心丸。我认为观念可以引导结果，有一个好的信念，把控好团队和施工队，如果施工有偏差，及时纠正，设计师常到施工地去监督，这样就不会有差的质量。开始种一个好的因，必定会导向一个好的果。设计师种下好因，就要力争带领团队使项目得出好果，只要一开始有信念，后面展现的结果基本上会令人满意。

《设计家》：您在设计中怎样与甲方沟通？

李想：真正的沟通在于统一目标，我们不能过度英雄主义，也不会过度顺从甲方，有时就算我们的创想得到甲方认同，我们同样会再次站在甲方的立场多次思考并理性决定。我们真诚付出，相信业主可以看到，在达成共识的前提下，沟通大多数愉快且随意。当然交流中，我也学会了可能以前不懂的东西，要感谢甲方有时提出的种种担忧与不满，这些可能正是我们需要改进的地方。我会把甲方的意见作为将来设计其他项目的参考因素，对任何客户，我抱着感恩的心，并保持平和的心态。

《设计家》：您在设计中追求的价值观是什么？

李想：从创作上看，我觉得设计师应该像一个出色的演员，放在好剧本里就能诠释出好电影。一个好的设计师也是如此，他可以在任何前提条件下，灵活地转换自己的身份，融入新的设计。设计师的本职是创作新的、美的、实用的东西。以前美国有一些住宅设计师，会依据业主的需求做出很实用的设计。设计无非是好用或好看，我希望在这两条路上钻研，让好用的东西更好用。现在我还需要磨练自己，发散性地创新，对每个项目都有做好的决心，不要浮躁。

凸显定制化和地域化的“个性”

《设计家》：请简单介绍您其他一些主要作品。

李想：除了室内设计，也做一些精品酒店设计，如云水格，同时我们也做很多有趣的建筑设计，都是在山水之间的一些小型建筑创作。

《设计家》：云水格项目的设计灵感来自什么？有哪些设计亮点？

李想：设计的灵感来自项目周边的山和水，我们没有直接将山水本身的形式物化到设计中，而是提炼山水之间的一些意境，如“平静”“安逸”的感觉，把整个山水的态度置于空间中，这是我们的设计逻辑，也是项目的亮点。

《设计家》：设计中遇到哪些困难？如何解决的？

李想：这个项目中大约80%以上的家具和灯具是定制的，这些定制的家具和灯饰展现了我们的设计理念，但定制的过程会有很多困难。首先很多物件要去民间收集，其次收集好后要经过加工，接着用设计的语汇重新画图，最后做成实物放置在房间里。制作的过程中参与的人员非常多，设计师的控制精力会被分散，工作的强度也会增大。比如项目里那些或落地的或吊在空中的灯具设计：我们从民间收集一些篓子，做好防火处理后，加入灯槽，再结合篓子本身的形状将用于悬挂灯具的铁丝绕成一种很自然的状态。在制作过程中，我们与灯具厂、做铁艺的公司，还有其他一些人合作才最终把灯具组合起来，摆设到空间里。

《设计家》：您认为好的酒精品店设计需要注意哪些因素？

李想：我个人认为好的精品酒店一定要有地域性和差异性的特征。有别于传统的五星级连锁酒店，精品酒店更在乎比较高端的客户的体验感，而且还要体现自己独特的个性。不管从硬件上还是软件上都要达到一定的精致度，服务上要比传统五星级酒店更人性化，且在硬装设计上要体现本土性和地域性。

《设计家》：您认为未来酒店设计的趋势是怎样的？您考虑了哪些应对措施？

李想：现在很多开发商转型做旅游地产，旅游度假型酒店已经成为一种新兴的酒店业态，这种度假酒店在设计上会更凸显自己的定制化以及地域化的“个性”。目前中国还有很多度假型酒店仍采取“复制－粘贴”的常规模式，因此对于设计型酒店，设计师需要抓取更多的元素。个性化、创新型的酒店设计师面临的最大问题是定制化的困难，很多五星级酒店在硬装和设计上有一定的套路，操作起来比较容易，但个性化的定制设计从设计到制作到落地，中间的许多环节在操作上都有困难。针对未来酒店的设计趋势，我们会研究每一个项目的前提条件和甲方的要求，根据不同的要求找出具体的设计回答。我们设计任何一个项目都保持着创新的意识和为甲方做定制设计的态度，尽力做好每一个项目。

设计师要有职业操守和设计尊严

《设计家》：您如何看待设计师的职业操守？

李想：我们走过很多弯路，甲方一味追求快，设计师经常站在甲方的立场思考，快速结束这个项目，结果设计出来的东西不合格。我们身为设计师，要有职业操守和设计的尊严。没有人要求设计师站在甲方的立场帮他省钱，这是一个恶性循环。中国的设计力量一直没有起来，就是因为中国讲究人情世故，很多设计师潜意识里希望为甲方着想，很容易成了代甲方，一要省钱，二要快。我们要反思一下，坚决不能自我主张代替甲方，而是要以设计师的立场完成自己的使命。甲方想省钱，设计师在帮他省钱的基础上要帮他完善，而不能以创造产值而忽略设计作为出发点。

《设计家》：近一两年，您对中国设计市场有怎样的观察？哪些现象引起您的思考？

李想：抄袭和拼凑。其实抄袭和拼凑本来是设计的先行之路，就好比开始学习建筑时，我们也会找一个自己喜欢的建筑师去学习，理解他的理论，学习他的逻辑。逻辑就像一道公式，你可以套用任何数字都是成立的。如果一个大师善用 2+2=4，你的设计也是 2+2=4，这种学习就没有必要。这其实是一种加法模式，你可以采用这种模式，但是元素是不是可以换掉？由于整个大的产业环境，中国很多设计还存在抄袭。我一直认为设计创造价值，设计师如何创造价值的呢？设计先让产业有了价值，设计的价值是从产业的价值中创造，所以这其中很重要的一个因素是产业。钟书阁成功了，我相信原因是设计帮它做足了亮点，设计为它带来了价值。在中国市场的产业链中，大家注重的是产业，然后导向出价值，而不是把设计作为首位。在市场竞争没那么激烈的情况下，设计师都有活干，创作或不创作都可以产生产值，可能就导致设计环节比较弱。

《设计家》：您对公司未来有怎样的规划？

李想：对于建筑项目，我们不设计大型综合体，而偏向于设计小型酒店，精品酒店，小房子和精品茶室等。室内设计方面已经有设计书店和酒店的案例，所以希望能在文化产业和度假产业上走得更远。但是我个人非常希望有办公或者有特别设计需求的业主找到我们。目前，我们更多考虑如何把美好的设计带给更多人和家庭，我们希望可以通过美好的设计使人们的日常生活变得更加愉悦。

《设计家》：在互联网 + 时代，您对设计有怎样的看法？

李想：我希望有另类的东西存在于世界上，现在互联网 + 很流行，设计共享也很容易，这当然是一件好事，但共享得多了，可能设计的同化率也会增高。我还是喜欢设计师自己思考的东西，加一点自己的语汇进去，创作一个新的，个性的东西。作为一个中国人，不希望自己国家的设计水平总落后于其他国家，去年我参加了一个亚洲最具影响力奖项，钟书阁一期获得了商业铜奖，会堂里有 500 多人，中国设计师不到 1/10，日本、韩国、新加坡和东南亚的设计师很多。这个时候就会觉得中国的设计力量还有待提高。可能因为极度热爱这个行业，所以想法会有一些小偏激，看到一些设计师抄袭或拼凑，也会有一点悲哀。

《设计家》：您业余有哪些爱好？平时怎样平衡工作与生活的关系？

李想：平时工作已经非常忙碌，并没有太多时间娱乐，我的爱好很广泛，小时候严格训练过的那些琴棋书画如今都成了生活的乐趣所在。但自从参与了一项名为“高架救助被恶意遗弃的猫狗义工活动”后，我突然发现生活的意义可以更大，每救回一条生命就会更加抱有一颗感恩的心，也能使工作的心情变得更加愉悦。

《设计家》：其他想表达的。

李想：如果不谈设计，不谈工作，我想表达的东西可能比采访内容更多。但归总一句话：我希望生活的城市更加美好，少些冷漠，多些温暖，希望大街上每个路人的表情是愉悦的，不再为了奔波劳碌赚钱而忘却了善良的本性。希望人们看待身边的一草一物都抱着善意的态度，懂得付出。最后，真爱生命，拒绝皮草。

Rural Construction: If You Will Go to The Wrong Direction, What Is Speed's Meaning?

乡建：如果方向错了，速度还有意义吗？

——访北京绿十字创始人，中国乡村规划设计院理事长　孙君

当城市房地产开发热潮渐渐褪去，中国的乡村建设越来越引起人们关注。乡建，是当下设计界广泛讨论的热点话题，除了寄托或多或少回归自然的乡土情结，更多人关注的是设计师在乡建中还有机会吗？

从艺术家到环保人士到乡村规划师，孙君和“绿十字”十几年来投身于乡村建设，打造了一系列的成功案例。但他却认为，最有价值的大多是失败项目，他从失败中找到了乡建的方法，积累了重要经验，形成了乡建理论，“这种价值我认为就是‘成功’。

如何把农村建设成为农民喜欢、社会认可的新农村，孙君的看法是：以自然为本，天一合一；以农为本，田人合一，要把农村建设得更像农村。在新农村建设中，他提倡先生活后生产。他所说的生活不仅是指物质生活，还包括民俗、文化、生活方式、宗教信仰，以及人的感情、道德等精神生活。当下的农村项目往往过多强调产业、招商、发展，忽视了生活的配套。生活和生产只要不统一，这个社会就不安宁。既然做农村项目，一定是村民参与为项目主体，并且他们成为 第一受益者，不能是政府为第一受益者，也不能是商人成为最大的受益者。

乡村问题千头万绪，问题的源头是能让年轻人回来，“可是如何能让他们回家，这就是我们需要面对的。”至于乡村的规划与设计，一定是文化在前，技术在后。文化是方向，技术是方法。如果方向错了，速度还有意义吗？

农民与艺术家加在一起，就是文化

《设计家》：您能简单介绍下您的职业生涯？当年是出于怎样的考虑开始关注农村建造这个领域的？

孙君：我的生涯最普通了，上学、当兵、工人（烧锅炉）、文化宫美工、师范大学美术系、中央美院研究生助教班、北京地球村志愿者、绿十字创始人、中国乡村规划设计院创始人之一。人到了一定的年龄，总会有一点收获，一切都属于正常范畴。

艺术的灵魂是从土壤中长出来，798 与工厂为伍，宋庄与农村为邻，我们的写生画画都没有离开过乡村。即便生活在城市，我们的柴米油盐哪一个离得了乡村？关注乡村，农民最需要什么？田我们不会种，设计房子农民需要。艺术的目标是社会需要，艺术家介入是把文化融入到建筑与设计之中，设计的不是房子而是艺术。这是艺术家与设计师的区别。

《设计家》：您是个画家，也曾办过自己的油画展，这个身份

孙君

生态艺术家，1961 年 1 月 28 日生于安徽马鞍山，毕业于中央美院；2003 年发起成立了“北京绿十字”环保公益组织，2011 年筹建了中国乡村规划设计院，致力于修复乡村生态和传统文化，让农民致富；2003 年与政府合作，推动了生态文明村建设的“五山模式”，之后又相继组织实施了“穆罕默德·王台”“五谷源缘绿色问安”“田园方城，诸满颜公”，512 汶川大地震后的灾后重建，“郝堂茶人家”“草海扶贫项目”，郧县、钟祥、广水等地的农村项目以及河南新县“英雄梦新县梦”规划设计公益行，以自己的社会使命和责任感，献身中国的农村建设。

做乡村合作社，以西方民主的形式在村庄做经济发展，资金直接到组，绕过村委会。结果这件弄得非常麻烦，很多事有一个村民不同意就做不成，村委会不帮忙，最终把一个村弄得乌烟瘴气，结果我们被村委会赶出了村庄。陌生社会催生法律，熟人社会产生道德，村组是一个熟人社会，是一个家庭，用西方的民主来治理中国的乡村非常不适合。

《设计家》：您现在正在做的乡村改建项目有哪些，能否举例说一下。

孙君：生活中很多东西出现是缘，命中注定的一些都在 2014 年出现。我们算是文化人，文化人最想做的是有文化的项目，像温县陈家沟，中国太极拳发源地，入选中国传统村落；京山太子小镇，国营林场改革的实验，希望能做成中国最美的小镇；荆门屈家岭遗址，国家级重点文物保护遗址；新县田铺镇田铺大湾，会同县高椅村，房县一军店铺村，这些要么是中国古村落，要么是历史文物古迹。其中能看到一种轨迹，我关注的工作渐渐靠近传统，渐渐在关注久远的历史。一直到今天，一下走近了九千年以前贾湖遗址。表面上我们是关注古村落，实际上我们做的是中国传统文化的修复。这个过程不是我有意安排，而是自然而然的。

《设计家》：您个人的对未来有怎样的目标和计划？绿十字未来有怎样的计划？

孙君：我已渐渐地回到画家的位置上，开始做自己的艺术生活。我喜欢在城乡之间有一个属于我自己的小屋，有一亩三分田，晒着太阳，有几个朋友喝茶，这是我最喜欢的生活。目前绿十字有孙晓阳做主任，乡建院有李昌平做院长，学校有季必胜，他们做得都比我好。我不会做领导，只会做做设计与画画。

2013 年，我就开始从乡村过渡到古村古镇，开始做城市与乡村的结合部，从乡村走向城市。要想真正帮助农村一定要从城市开始，这种事能做多少就多少，很难用设计来说，这是国家的事，个人只是一种责任。

《设计家》：关于古村建设，您有怎样的建议？

孙君：我想说说，古村规划与建设三道坎。

乡建三道坎不是技术层面的事，而是政府与专家观念、文化的三道坎。这不仅仅是在古村，中国绝大多数乡村同样面临这样的问题。乡村问题千头万绪，可是万事总有源。找到了源头，很多问题就自然理顺了。所谓顺，一切都是能让年轻人回来，他们回来，人就养房子了，村子就充满生机。可是如何能让他们回家，这就是我们需要面对的。

一是还权于村“两委”，帮忙不添乱。这是针对政府与专家而言。政府要信任村干部，专家要尊重村干部，政府项目要为村干部的需求而服务。规划与技术人员一定要明白传统村落才是永远的时尚，所谓创新与时尚一定要小心，几百年几千年的乡村文化延续至今，我们感觉是天地杰作，这就是传统村干部与风水先生的作品。

二是老房子与古建筑缺少舒适度，要增加舒适度。村的败落，首先是房子失去了实用性与功能性，老房子绝对没有瓷砖房舒适与实用，这一点农民不傻。乡村的老房子改造一定要记住是农民的家，不是宾馆，不是会所，更不是客栈，这对专业的建筑与室内人员来说不难。而交通与水系的改变对古村的伤害是致命的，这些是政府要注意的，这是保护古村的重要工作范畴。

三是规划与设计，既要保护老村又要尊重这个时代的文化。存在就是合理的，在保护好传统的基础上，对磁砖房与罗马柱建设同样要留下记忆，这些建筑过 40 年后，同样也是 80 后、90 后的乡愁。保护好这个时代也是对未来的责任。规划与设计一定是文化在前，技术在后。文化是方向，技术是方法。政府与专家过于关注规划与建设，对乡村文化与乡村自治依然陌生。同样专业与技术也是如此，用规划设计、经济与旅游想拯救乡村，那依然是一场自娱自乐的游戏。大海航行靠舵手，航行的方向错了，速度还有意义吗？呜呼！

In The Internet Era, Design How to Transform Mode

互联网思维模式下设计行业将如何转型

——访云隐酒店联合创始人/吕邵苍酒店设计创始人 吕邵苍

"我们赶上了最好的时代，也是最坏的时代。"这是云隐酒店联合创始人吕邵苍对所处的当前中国设计市场的评价。随着中国经济发展进入新常态，设计市场也逐渐放缓发展的步伐，市场的巨大变化迫使设计师停下脚步思考设计的本质以及未来的发展方向。在互联网+不断冲击人们社会生活各方面的情况下，吕邵苍提出创意+设计+运营+资本的未来设计的发展模式，他认为设计师有创造未来的能力，也可以直接成为生活美学方式的创造者，只要设计师与专业的运营管理团队合作，就有孵化出生活方式的新品牌的可能。

回归内心，提倡东方生活美学

《设计家》：请简单介绍一下您的设计理念。

吕邵苍：我们这一代是国内第二波全面接受西方包豪斯体系教育的设计师，我们深受包豪斯的影响，认为那就是前卫，是新风，是打破传统，也就形成了一套做设计的方式和方法。回过头来看，其实不尽然。作为一个在中国本土上成长起来的设计师，年过四十以后，回过头看自己本民族的文化，有非常优秀的东西。而这些优秀的东西是蕴藏于你骨子里的，只是没有被打开，现在是打开的时候。

我的设计理念从原来颠覆式的体系，又回归到中国传统文化中的道法自然、因地制宜、天人合一的理念上来，我觉得这些更值得去探索与深究。我的作品都有为项目自然而然产生的一套原生思维体系，项目为谁服务，消费者是谁，适合什么定位，用什么手法，设计细节如何等。每个项目设计的手法，风格的演变，色彩关系的转换都是不同的，项目之间的连贯性也不是特别强，用道家的话说叫"法无定法，自然而然"。法无定法是真正最好的设计理念，而不是最好的设计手段，如果有一个固定模式，那叫程式化设计，严格意义上已经不是设计了。设计的本质是不断创新，面向未来，面向人性需求的未来，未来的发展没有一套可以永恒不变的方法和理论。只有不断发展，用传统的智慧来说就是道法自然，因为自然在转换，因地制宜，最终达到天人合一。原来我对西方的解构主义建

吕邵苍

意大利米兰理工大学室内硕士；

新加坡提亚那建筑设计事务所董事&中国区设计合伙人，云隐酒店管理发展有限公司董事长，吕邵苍酒店设计事务所创始人，观点设计国际创始人；

2014年吕邵苍设计事务所被评为第一届中国文化酒店"青花奖"最佳创意设计机构，2012年亚太十大领衔酒店设计人物，2010年吕邵苍设计事务所被评为中国1989–2009二十大著名设计事务所之一；

代表作品有无锡隆达国际大酒店、山东乳山华玺国际大酒店、山东利群文登大酒店、唐山新华联丽景湾国际酒店等。

筑非常认同，包括库哈斯、扎哈·哈迪德在建筑理论和思想体系上的创新，但从建筑与自然，与人之间的关系来说，它是不和谐的，这种不和谐，不是形式上，而是整体的气场不能与天地人三者融为一体。

这次我去了斯里兰卡，看到巴瓦三十年前做的建筑，即便现在看还能感觉到建筑与生态的融合，这种融合将天地人三者关系处理得很好，那是典型的现代主义体系下衍生出的乡土建筑，它反而能与生态产恒永生关系。这也是我逐渐回归到内心，提倡东方生活美学的设计价值体系的原因。

设计师应具备良好的综合协调能力

《设计家》：您如何与业主沟通设计思路？

吕邵苍：每个人工作的方式不一样，我习惯提前把事情说清楚，在设计过程中建立起一套原则，我觉得中国设计师在价值观体系上要能够坚持自己对美的认知。与业主发生碰撞很正常，我们通过各种各样的方式尽量让项目变得完美，但如果确实没有办法，那只能终止合作关系。价值观不同，没有必要为了一个项目，或产值去做设计，那不是设计师干的事，那是做生意。

《设计家》：您设计了许多酒店，您认为设计酒店项目要注意哪些问题？

吕邵苍：从设计师的角度来说，最难的是综合协调，首先是设计师、酒店管理公司和业主，三方之间的工作协调。第二，是设计师与各工种之间的协调。我认为酒店本质上是一个由内而外的项目，酒店的核心是机电和后场系统，当这两个功能出现巨大问题时，再好的室内设计都没有意义。对于酒店来说，由内而外的机电和后场系统要做得非常专业，就需要室内设计师与相关部门进行控制与协调。第三，设计师还要协调施工单位、材料供应商以及业主派出的代表，对项目整体的协调性，包括对空间中的面料、色彩关系、灯光氛围都要进行把控。每一位设计大师，不仅是专业做得好，还一定有很强的综合协调的能力。

这些人不得不退回到乡村，把自己的这套情怀、理念、价值观体系植入到台湾的乡建或民宿中。

《设计家》：您出于何种缘由组建云隐酒店管理发展有限公司？

吕邵苍：这是我首倡的“创意 + 设计 + 运营 + 资本”的模式，创意是一种顶层思维，它对于新生事物具有非常敏锐的感知力，并能爆发出新的设计思维。设计是能够让思维体系完美落地的非常重要的手段。但仅有设计团队和创意团队很难解决项目的运营问题，所以我们又加入了运营体系。整个体系一旦形成，只要你创造出一种为生活方式服务的品牌，再有一个很好的商业模式，资本肯定会为这个体系买单。基于这些原因，我们组建了云隐酒店管理发展有限公司。

《设计家》：云隐酒店管理发展有限公司已经开始运作了吗？

吕邵苍：对，已经在运作，基于多年来我对酒店设计商业的思考，我认为中国市场最大或最具未来感的酒店应该是在终端有特色、有个性的体验感的酒店，五星级大酒店市场将不存在，低廉的快捷型酒店未来生存空间也非常小。85 后、90 后这代人需要的是一种高感性体验，有自我主张、体现独特个性的生活方式，设计师适合做这样的产品，我们完全可以将设计师的力量聚合起来创造设计师酒店品牌，所以就组建了云隐酒店管理发展有限公司。我们有一个提议叫“东方生活美学”，是基于我们对文化复兴的回归与自信。1840 年后，我们彻底丧失了自信心，转而向外求，在设计圈尊崇的包豪斯美学等西方体系上，要去发展出本土文化的美学体系可能性非常小。只有回到本民族文化的根源上，重新梳理，重新生长，才有可能生长出具有独特价值、独特主张和独特美的体系。

我们秉承一个贝诺的理念，在环球所有工作室中，也经常会进行设计交流，引入及输出各自的理念。设

设计师可以成为生活方式的引导者

《设计家》：近一两年来，您对中国酒店设计市场的变化有怎样的观察？

吕邵苍：市场变化很大，第一，有些项目缓建，有些项目停建，我觉得这是好事，因为要将未来的发展方向思考清楚。前十年房地产行业一家独大的情况下，所有的体系都围绕房地产转，现在大家突然发现这有如空中楼阁，特别虚幻。当房地产突然停顿，你会发现原来做的很多工作，很多体系，其实没有太大的意义与价值。尤其中国当下经济正处在一个新常态的转型期，我觉得设计行业和设计师都要思考，有没有这么多项目需要做设计。第二，做设计的价值在哪里，是为工程项目服务，还是为设计的产值，还是为有需求的人服务？设计的社会价值是设计师要思考的问题。现在的经济新常态正好可以让设计师停下来或慢下来去思考设计的本质是什么。

我也有过这样的思考，尤其这次十八大召开后，李克强总理提出互联网＋模式。设计行业在互联网思维体系下的核心是什么？凯文·凯利说去中心化、去组织化，是谁隔绝了设计师与终端消费者需求？是地产商、投资人或者是政府？传统的设计模式里，设计师没有直接为终端消费服务，换句话说我们能不能跳开这个体系？我认为完全可以，如果一个设计师，或者一个设计工作室愿意从研究人性的需求出发做设计，当项目本身还没有产生时，他已经在做细致认真的总结工作，并将研究成果以一种媒体的方式向公众宣讲，这种项目落地的可能性，实现的程度就会非常高，我觉得这是互联网思维模式下设计师的一种转型方式。

设计师也可以通过“创意＋设计＋运营＋资本”的工作模式直接成为生活美学方式的创造者，设计师有创造未来的能力，他可以孵化出生活方式的新品牌，比如漫咖啡、悦榕庄、安缦都是设计师创造出来的。设计师可以成为生活方式的引导者，只要他与专业的运营管理团队形成一种 Team 的合作关系，那么孵化出新品牌的可能性就非常大，我认为这也是设计行业在互联网＋时代转型的一种。回过头看，台湾的民宿设计，也是在台湾经历了高速的经济发展之后，城市里已没有太大空间给新生代的建筑师或者文创人士，计团队的分工主要因人而异、量体裁衣，我们会根据每个人的特点来安排相应的工作，有的人可能创意比较好，有的人可能后期比较好，有的人协调能力比较强，公司根据自己的需要选择这些员工。

成为生活方式的设计师

《设计家》：设计行业面临中国经济的新常态，新业态，对此，您有怎样的想法？

吕邵苍：我非常期待与全国各地的设计师们深入探讨新常态下设计师本身角色的转换问题。我们赶上了最好的时代，也赶上了最坏的时代，就像过山车一样，高速发展之后开始下行，从市场角度来说设计行业不容乐观，从创新精神来说也不容乐观。

《设计家》：您认为当下设计师面临的最大挑战是什么？

吕邵苍：思维的转变。长期以乙方的身份服务于比较强势的甲方，设计师所有的来源与收入都基于这种关系，设计师没能真正思考设计是什么，他只是一名工程项目的设计师，而没有成为生活方式的设计师。如何成为生活方式的设计师，就是要切入到人的生活当中，像意大利设计师或其他欧洲设计师，不但能做建筑设计，还能做室内设计、面料设计、家庭小产品设计、家具设计、灯具设计等，这就叫生活方式设计，他关注到生活中每一点每一滴，与生活内容紧密联系。中国的设计师尤其室内设计师则少有甚至没有能做到这些，但未来建筑设计与室内设计肯定会融为一体，再以后，建筑、室内和产品设计又会融为一体，西方设计师走过的路，我们得重走一遍。我希望重走这条路不是以外来的理论体系做支撑，而是基于本土，最核心的就是十二个字“道法自然、因地制宜、天人合一”，这是所有中国传统哲学的精髓。

《设计家》：请简单介绍一下陌么。

吕邵苍：陌么是云隐酒店为85后、90后年轻人量身定制的一个品牌，它是国内第一个体验式社交酒店。我们希望即便是短途出差，人与人在空间中也可以通过游戏的方式产生交流。我们很期待这种陌生人之间的交流能产生什么结果。陌么包含了非常好玩的体系，每间房都可以DIY定制，有party房，我们以众创、众智、众资的方式发起，由中国不同地域的12位设计师，每人设计一个房型，这应该是中国第一个由设计师联合发起并共同完成的设计师酒店项目。酒店将在今年开业，我也非常期待项目呈现的结果。

《设计家》：其他您想与读者分享的。

吕邵苍：作为一个设计师，我们最终要回到自己的内心，想明白：你是谁，来自哪里，将去向何方。我们在大学时有过这样的思考，但出了大学以后，我们非常忙碌地投身到社会工作中。经过十年、十五年，我们其实可以停下来再去思考，这种思考对于未来会有一个非常清晰的洞见，这种洞见会让我们自如地生活、工作及面对所有发生在身边的事。我之所以提倡东方生活美学，因为它有无穷无尽的智慧，我们受了西方所谓先进文化的影响，但如果能够重新回到根源，找到东方生活美学的体系，我相信以后所有的中国人可能生活得会更幸福一点。

NUO Hotel Beijing

北京诺金酒店

项目地点：北京
客户：首旅集团
完成时间：2015 年 6 月
设计单位：HBA（室内设计）
照片来源：NUO Hotel Beijing、HBA

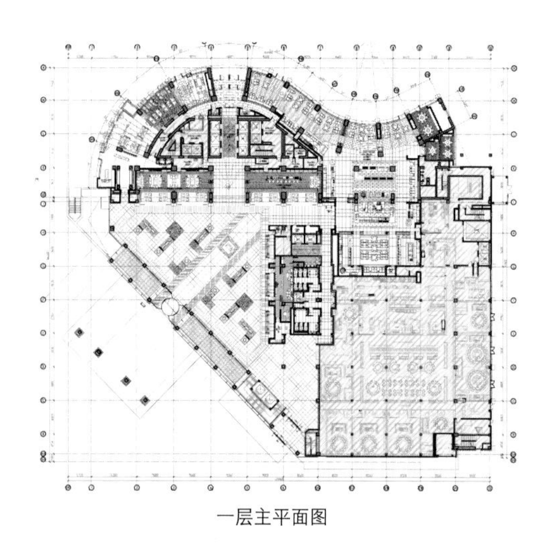
一层主平面图

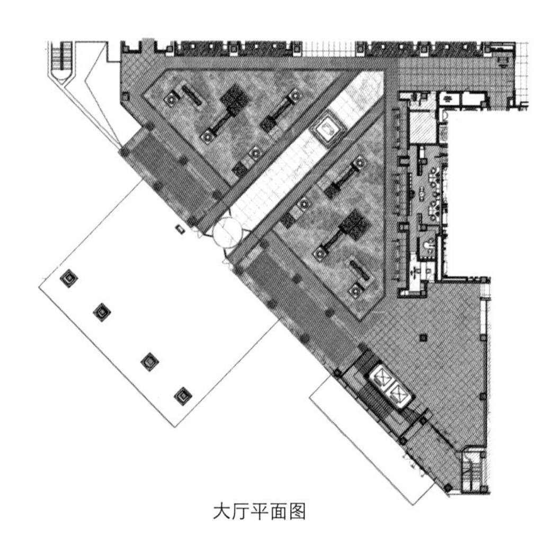
大厅平面图

01

诺金是以弘扬中国传统历史文化为特色的中国高端酒店品牌。北京诺金酒店位于繁华的朝阳区，邻近故宫和著名的胡同区，是诺金品牌旗下首家五星级旗舰酒店，其室内设计由 HBA 完成。酒店包括大堂及艺术廊、438 间客房、6 间餐厅及酒吧、特色茶亭、14 间多功能会议厅及 1,600 平方米的无柱式永乐大宴会厅、25 米长形泳池、8 间独立水疗室及传统中医理疗室等空间及设施。

设计师以“现代明”的设计理念和“古为今用”的主题风格，将明代文人文化与现代艺术生活方式巧妙地结合，着重展现明朝盛世的“文人文化”。酒店以明代文人墨客及历史名家留下的诗文墨宝和智慧传奇贯穿始终，传递明代文人随性、闲适、高雅的生活情致与韵味，并通过视觉、听觉、嗅觉、味觉、触觉，让客人在静谧中，体验高雅的生活方式。

诺金酒店项目的特色是什么？

HBA：诺金是由首旅创立的中国第一个国际奢华民族品牌，设计的灵感源自中国五千年的历史和文化遗产，我们攫取中国传统的文化并使之结合现代奢华体验，同时展示和推广中国当代艺术，因此艺术品贯穿于大堂和整个酒店其他所有室内空间。

用三个词来描述诺金酒店的设计理念，您脑海里最先出现的是什么？

HBA：奢华、中国历史文化、当代艺术。

诺金酒店项目设计中最出色的一点是什么？

HBA：中国传统文化的重新演绎，将它与现代艺术元素结合，在现代背景下打造出一种奢华的室内情境。

在北京诺金酒店项目中，HBA 设计了哪些区域？

HBA：HBA 设计了酒店的客房和除中式和日式两个餐厅外的所有公共空间，这两个餐厅空间的设计概念由其他顾问提出，但设计深化和协调仍由 HBA 完成。

在诺金酒店设计中，比较创新或有趣的方面是什么？

HBA：在大门口处，值得期待的是令人印象深刻的明代艺术瓷瓶，瓶身绘有富含艺术气息的手工风景画，侧面放置著名当代艺术家曾梵志先生的大型雕塑作品。其他著名艺术家的油画作品也都悬挂展示于酒店各处。

您如何实现诺金酒店的设计理念？

HBA：我们做了许多研究来确定诺金在中国的第一个高端酒店品牌的“外表”，期间提出了许多方案，也进行了讨论，最后确定的方案仍然是在满足功能需求的前提下，在美学与细节方面保留真正的中国式的奢华。定制家具和照明装饰都是为诺金专门设计的一次性的作品。

01 大堂休息区
02 酒店建筑外观
03 大堂中摆放着艺术家曾梵志先生的大型雕塑作品

04

05

06

04 多功能厅休息区
05 大厅过道通往电梯间
06 健身房接待处
07-09 大堂吧

07

08

09

10 茶亭
11 茶亭局部细节
12 悦尚全日制餐厅
13 禾家中餐厅
14 禾家中餐厅私人包间

13

14

15

16

15 诺 SPA 入口艺术展示
16 诺 SPA 接待区
17 仿佛有时空的穿梭交汇感
18-19 永乐大宴会厅

20

21

20 客房走廊
21 公共洗手间
22 客房悬挂艺术品细节
23 豪华客房
24 客房洗浴间

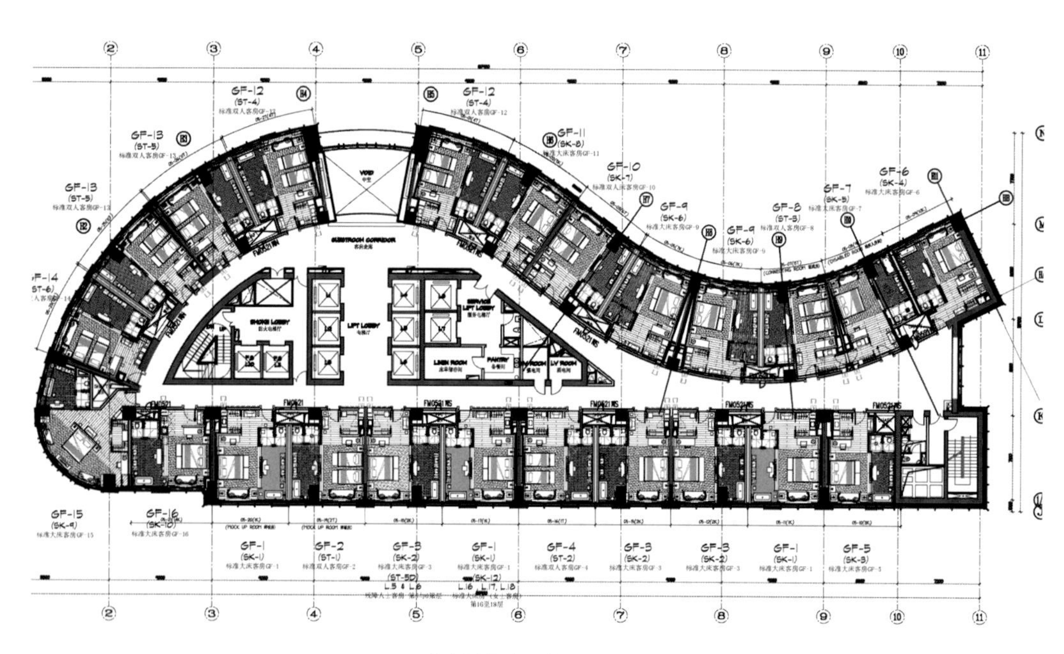

5-6 层客房区布局平面图

22

23

24

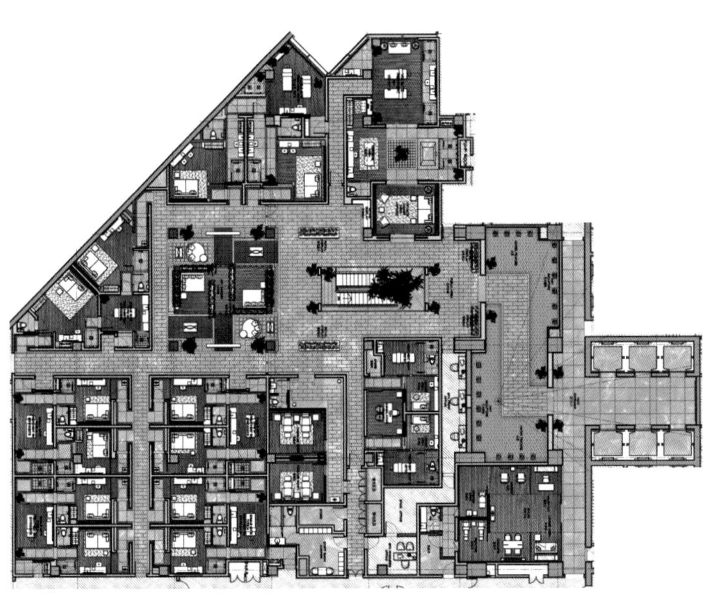

SPA 区平面图

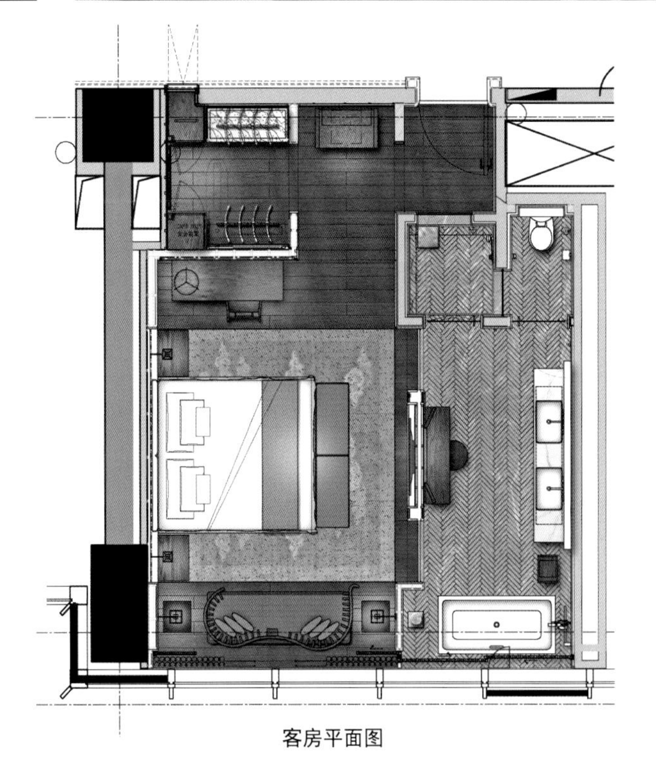

客房平面图

Rosewood Beijing

北京瑰丽酒店

项目地点：北京
设计面积：3,350m²
完成时间：2014 年
设计单位：BAR Studio、P Landscape
主设计师：Stewart Robertson、Felicity Beck

北京瑰丽酒店拥有 283 间客房，坐落于北京朝阳区中心位置，正对京城地标——中央电视台，是瑰丽品牌在中国的第一家酒店。酒店设有六间餐厅和酒廊，包括怡庭餐厅、怡庭大堂吧、赤时尚火锅餐厅、休闲酒吧——魅、乡味小厨中餐厅和龙庭私人宴会中餐厅。酒店的会议及宴会场地占地近 3,350 平方米，包括一间无柱式大宴会厅及具住宅风格的会议与活动场所——丽府。首次于亚洲亮相的水疗中心设有室内泳池、健身房、瑜伽室等设施，另外行政廊瑞阁为客人提供优雅的专属礼遇。

酒店设计上融合现代摩登风和经典简约感，诠释了北京传统与当代经典建筑的特色，营造出一份具有瑰丽特色却又京味十足的氛围。从建筑结构到园林景观，从建材的挑选及艺术品的陈列摆放，北京瑰丽酒店结合多元设计元素衬托出酒店深厚的人文气息。

设计受中国传统国画的启发，酒店各处都能见到富有蕴涵的层次。酒店大楼高 22 层，外形隐约呈现出大小各异的山峰轮廓，让人联想到一幅景致怡人的山景画。走进大堂，三层楼的高度缔造了广阔的空间感，连同上层花园和水疗中心，勾画出充满诗情画意的线条。酒店外墙由精选的蒙古青石建成，形成山景效果，其原始的触感与高雅极致的室内设计相映成趣。

中国几千年来的文化提倡亲切好客之道，这个传统启发设计将北京瑰丽酒店塑造成一个旅客向往的相聚之处。酒店内每个地方均充满别具一格的个性，让旅客俨如走进一座名山大川，所到之处均散发着惊喜。

酒店以深褐色、灰色和黑白等为主色调，不但带给宾客一种优雅和从容不迫的空间感，同时亦衬托出酒店精美的艺术收藏品和色彩绚丽的摆设。另外，黑白色调与中国书法简约、流畅而典雅的艺术底蕴产生共鸣。酒店严选的时尚家具中亦藏着富有中国传统特色的装饰细节。酒店所选用的物料同样蕴藏着它们各自特有的渊源、个性和历史背景。例如，酒店入口的遮雨篷和接待处所用的环保古铜色地砖来自中国传统手工艺者之手，门厅及赤时尚火锅店的贵宾厅亦注入传统文化元素，其环环相扣的原木层叠图案，亦是当地工匠的巧思。

01 酒店建筑诠释了北京传统与当代的经典特色
02 酒店外墙立面由精选的蒙古青石建成，形成山景效果
03 酒店大堂
04-05 酒店精美的艺术收藏和摆设
06 怡庭餐厅户外

03

04

05

06

07

08

07 休闲酒吧——魅
08 怡庭大堂吧
09 怡庭餐厅
10 乡味小厨中餐厅

11-13 豪华标间
14 行政套房
15 行政套房洗浴间
16-17 酒店客房窗外的北京夜景

14

15

16

17

18

19

20

18 充满诗情画意的 Sense ™水疗中心
19 SPA 区入口
20 SPA 休息区
21-23 室内泳池

21

22

23

Beijing Yanqi Lake Boutique Hotel

北京雁栖湖精品酒店

项目地点：北京
设计面积：36,000m²
完成时间：2014 年 11 月
室内设计团队：Wilson Associates LLC
摄影与照片提供：Wilson Associates LLC－李佳

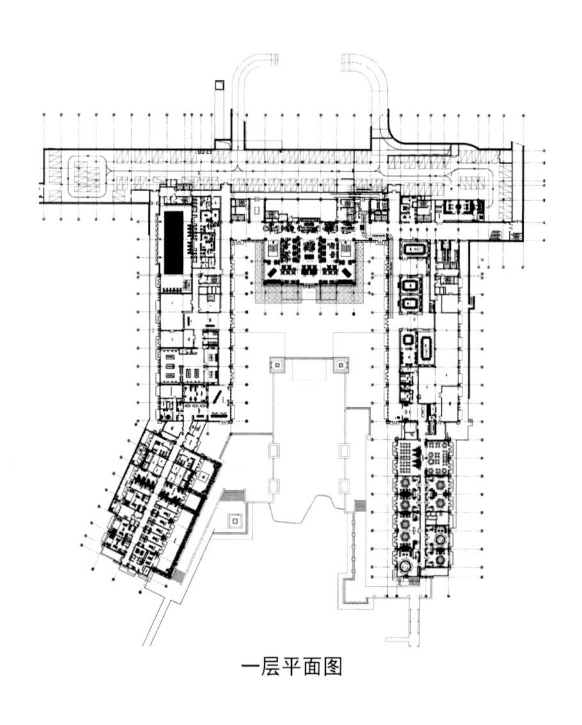

一层平面图

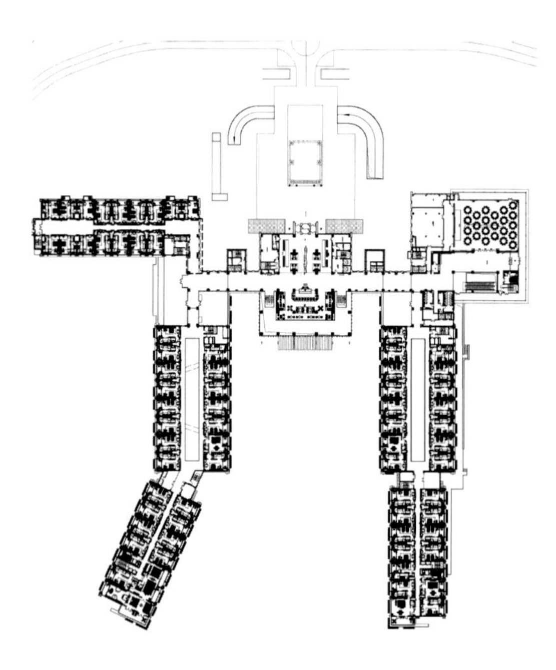

二层平面图

雁栖湖位于北京郊区怀柔城北 8 公里处的燕山脚下，北临雄伟的长城，南偎华北平原，水面宽阔，湖水清澈。雁栖湖精品酒店位于整个雁栖湖核心岛的东侧，紧靠会议中心并面向码头，码头长廊提供四季皆宜的半户外环境，为客房及主要空间提供了得天独厚的风光。

设计师的设计灵感也正来源于雁栖湖绝美的山水景色，酒店设计融入山水画的意境。空间的把握犹如中国传统水墨书画的笔触，灵动而又有章法。色彩的运用在不经意间流露出静谧与雅致。取传统文化的精髓，融入现代的构思，加上旖旎的山水景色，构建出独特而又不可替代的设计理念。

全日制餐厅可容纳 198 人用餐，中庭四周的玻璃幕墙好似一个个画框，将室外的山水景色引入室内，形成一幅幅流动的山水画。客人在自助餐台取餐后，迎面而来的是全湖景三层大挑空的就餐区域，构成了"先抑后扬"的空间节奏感。棋格元素的运用，是将中国琴棋书画四艺之一的围棋在设计中体现出来，围棋蕴含着汉民族文化的丰富内涵，是中国文化与文明的体现，代表了汉文化的智慧与思辨。用色方面深浅黑白对比色调，局部运用高级灰作为过渡，整体的色彩氛围营造出优雅稳重的感觉。

SPA 区毗邻自然山水，得天地之精华，化灵秀之风貌。设计强调以自然、休闲作为空间氛围的主要基调，在简约留白的空间里，营造一种心灵与自然完美呼应之境。使用了大量未经工业化处理的木材与石材，为空间奠定了自然内敛的基调。在造型设计方面，延续了室内外空间相互渗透的设计理念，多处运用木格栅造型创造一种室内外半开放式的空间关系。各个空间中定制的木结构的吊顶，以及富有诗意的艺术品效果为空间增添了可看性，只有在这样的环境里，负重的灵魂才能得以松弛和解脱，才能让精神空间和物理空间相互融合，体验自然质朴又有隐含的尊贵。

酒店精心设计了 111 间宽敞舒适的客房，客房中床背景的大幅水墨山水画，与落地大玻璃窗外碧波荡漾的湖景相互辉映，融为一体。艺术画品的灵感来自于著名的现代画家吴冠中的作品，灵动且极具韵律的水墨表现形式，在一个原本平和的室内空间中，焕发出一种对大自然的敬佩感。艺术品旨在映衬及引入室外的极致风景，置身其中，仿佛能感受到"人在画中游"的诗情画意。地毯采用天然黄麻织成，低调而又精致，衬托出山水壁画的秀美。客房卫生间内的洗手台盆让人联想到景德镇的精美瓷器，简洁现代的同时反映出中国传统工艺的传承。

01

02

03

01-02 酒店入口
03 客房走道

04

05

06

07

08

04-05 全日制餐厅
06-08 中餐厅

09

10

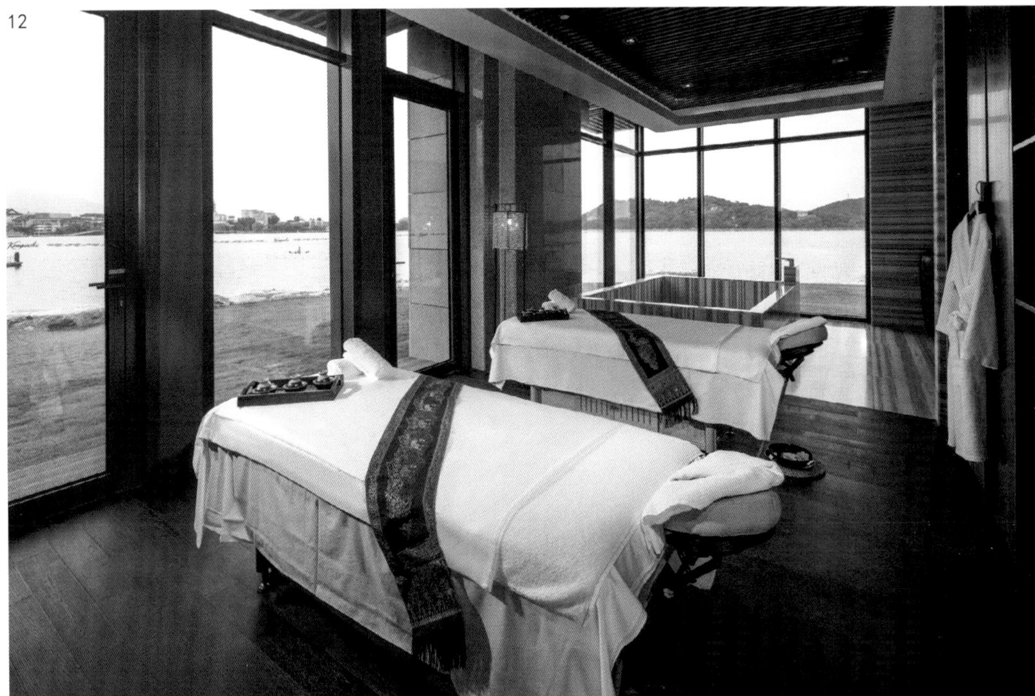

09 中餐厅包房
10 1987 酒吧
11 SPA 区接待台
12 SPA 室
13 室内泳池

14

15

16

14-16 套房
17-19 总统套房

17

18

19

ONE HOME Art Hotel

万和昊美艺术酒店

项目地点：上海
建筑总面积：55,000m²
酒店面积：35,000m²
完成时间：2015年8月
建筑设计：Guido Giacomo Bondielli
主创设计：高超一、Jean Phiippe Nuel、小川训央
设计单位：高超一设计工作室（CY DESIGN STUDIO）/ 金螳螂设计研究院
照片来源：昊美艺术酒店、高超一

上海万和昊美艺术酒店是一个以当代艺术为主题、基于"互联网+"车程体验营销思维，将入住舒适与艺术体验无痕衔接的精品酒店。七星艺术、五星标准，坐落于上海科创核心区域张江自贸区，距新博览中心7分钟、距即将开幕的上海迪士尼乐园仅12分钟车程，地理位置得天独厚。这个酒店为21世纪的大上海树起了一个新的艺术地标，将会引领一个中国乃至全球艺术酒店的新模式。

金螳螂设计研究院总监高超一作为总设计师，担纲整体设计，并邀请了法国设计师Jean Phillippe Nuel合作设计了大堂空间艺术效果，邀请日本设计师小川训央设计了日本餐厅和部分中餐厅。高超一工作室（CY DESIGN）团队，从策划，设计，施工设计监理到完成，跨越了7年多时间；参加了超过120次的会议和工地巡视，团队反反复复地画了近3000张图纸，倾注的心血，远远超过任何一个豪华五星级酒店。

作为一种新的艺术酒店的尝试，设计以艺术品为中心，以抽象表达的自然元素作为背景，让艺术与自然在空间中融为一体。业主和设计师花了大量的精力，和艺术家合作，从全世界的范围甄选合适的艺术品和琢磨恰当的装置手段。 特别是一些重点空间的艺术品色调和主题以及处理方式是业主和设计师与艺术家一起反复推敲和相互论证之后的最佳方案。

昊美酒店的理念是"Stay Art，Art Stay""舒适一日、艺术一天"，并求艺术7星，酒店功能5星标准。 它融合了120位艺术家的艺术品，创造全新的艺术酒店体验。中国艺术家仇德树，蔡志松，张恒，国际大家达明赫斯特，草间弥生的作品，散落在各个角落，宛若置身美术殿堂。走进分不清是美术馆在酒店里，还是酒店在美术馆里，这就是全新的万和昊美艺术酒店惊艳之处。而且酒店除了一般艺术客房外，还设有安迪沃霍尔、毕加索、克林姆、达利等15间艺术大师房，里面陈列大师素描、版画等作品，让客人体验一下睡个艺术觉是怎样感受。此外，三楼的公共空间出现了博伊斯的装置作品，"人人都是艺术家"的精神在永存在昊美酒店，环法动感单车俱乐部，艺术冥想区……艺术惊喜源源不断。

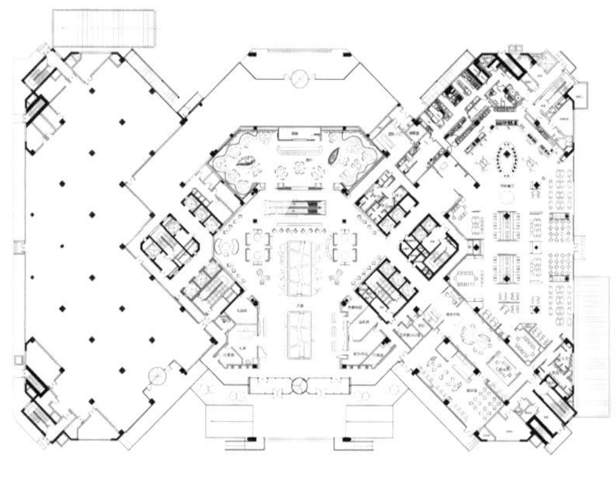

一层平面图

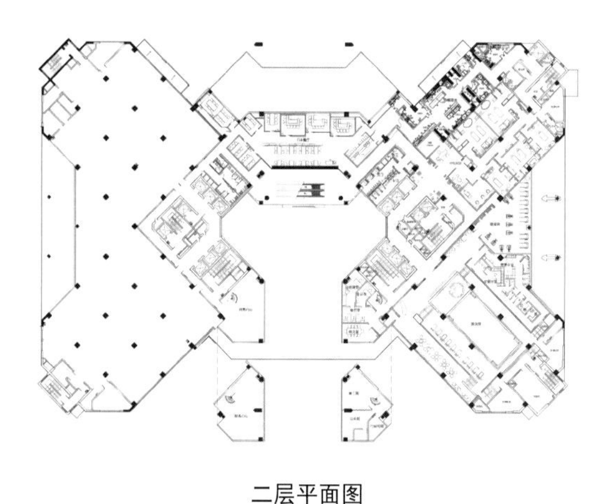

二层平面图

01 酒店外观及入口夜景
02-03 艺术大堂

02

03

04 独特的山谷木雕成就了前台的独特
05 大堂吧
06 达明·赫斯特——《圣徒·巴索罗缪》
07-08 商务中心

07

08

09

10

11

12

09-10 AP 艺术酒吧
11-12 公共区域

13

14

15

16

17

18

13-14 景博物馆餐厅
15-18 红山餐厅

19

20

21

22

23

24

25

27

26

28

19 达利艺术大师房
20 安迪•沃霍尔艺术大师房
21-22 毕加索艺术大师房
23-24 总统套房
25-28 御尊套房

Hyatt Regency Chongming

上海崇明金茂凯悦酒店

项目地点：上海
建筑面积：48,000m²
完成时间：2014 年
建筑设计：JWDA 骏地设计
景观设计：贝尔高林
室内设计：Wilson Associates LLC
室内主设计师：Leonard Lee
照片来源：JWDA 骏地设计、崇明金茂凯悦酒店

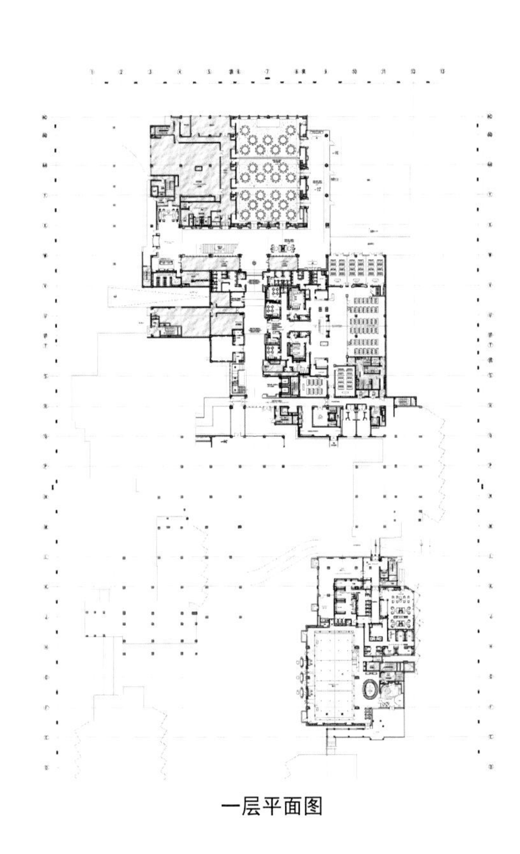

一层平面图

01 花园里小桥流水的惬意
02-03 庭院景观
04 户外绿意盎然
05 专属的宠物房 - 天井

崇明金茂凯悦酒店坐落于被誉为“长江门户，东海瀛洲”的崇明岛，岛上有中国南北海岸线上最大的自然保护区——上海崇明东滩鸟类国家级自然保护区及东滩湿地公园。该酒店不仅是崇明生态岛上首个五星级酒店，还是上海第一家，也是唯一一家五星级低密度度假酒店．

对于崇明金茂凯悦酒店项目，设计的灵感是什么，重点、难点分别是什么？

Leonard Lee：酒店位于崇明生态岛东部，毗邻东滩湿地公园，该湿地公园有候鸟保护区之称，正是这个特别的称呼成为了酒店设计的主要灵感来源。我们希望充分利用酒店周围的自然环境与植被，为客人营造出一个祥和宁静的圣地。室内设计以简明的线条为主，伴以巧妙的细节，凸显出材料与纹理的选择。我们将生长在湿地沼泽周围的芦苇抽象地使用在地毯、艺术品与宴会厅的灯具设计上，营造出一种场所感。莲花的选择则是呼应了湿地春夏季节鲜活明快的色彩，主要体现在客房地毯与走廊地毯上。

我们希望创造一个与自然环境非常和谐的度假胜地，能够营造一种安静、低调的优雅。当你第一次走进酒店，你会看到一个封闭式庭院，虽然不能进去，但我想它已经成为整个度假酒店的基调。酒店内有许多水景，也能烘托出或安静或活跃的设计主题。我们还使用了大面积的落地窗，使得所有的公共空间洒满自然光。绿色与蓝色在设计中的巧妙使用，其灵感源于崇明岛周围的植被，也为自然木材与石材锦上添花。

崇明金茂凯悦酒店室内设计中有哪些亮点？

Leonard Lee：我们在设计中有意地加强室内外之间的关系，只要有可能，我们就会在设计中引入庭院，不仅仅是把它作为景观园林，同时也用于自然采光。有一些空间则完全向室外打开，比如泳池区。宴会厅本身就很独特，它是一个完全由玻璃包裹的空间，将美丽的园林景观呈现在客人面前。

您怎样处理崇明金茂凯悦酒店与周边环境的关系？

Leonard Lee：前面的第一个问题有谈到这点，我们将庭院整合进室内空间，希望以此模糊室内外之间的界线。对我们来说，客人能看到的庭院和草木越多越好。我们想创造一段人与自然一直和谐共生的旅程，因此在整个项目设计中引入了好几个庭院，这种设计在白天可以使自然光泻入室内，在晚上当园林绿化被照亮时又会产生引人入胜的效果。

您认为一个好的度假酒店设计需要注意哪些因素？

Leonard Lee：功能很重要，如果一个空间只有漂亮的外表而没有良好的功能，那么它是毫无价值的。光线也非常重要，崇明凯悦酒店尤其注重使用自然光。

目前，您对中国酒店设计市场有怎样的观察？

Leonard Lee：越来越多的中国人喜欢旅行，他们对奢华也有了一定的期待。但总的来说，人们开始对大品牌的概念感到疲惫，并希望拥有更加私人化的体验，而且小

01

02

04

03

05

规模酒店的员工能够提供更个人化的服务。但我并不确定这是否会持续，因为人们喜欢有国际认可度的概念，所以五星级酒店依然流行。年轻人可能更倾向于精品酒店，很多大品牌都在定制他们的精品酒店，也是以年轻人为目标客户群。

06

07

08

09 10

06 建筑外观
07 接待前台
08 大堂
09-10 庭院景观

11

12

11 中餐厅零点区
12 品悦包房
13 宴会前厅
14 宴会厅

13

14

15-16 凯悦校园 - 讲堂
17 小会议室
18-19 总统套房
20 俱乐部套房
21 嘉宾轩套房
22 室内泳池

18

20

19

21

22

The Temple House

博舍

项目地点：四川、成都
设计面积：35,500m²
设计单位：Make Architects
完成时间：2015年7月
照片来源：Make Architects、博舍

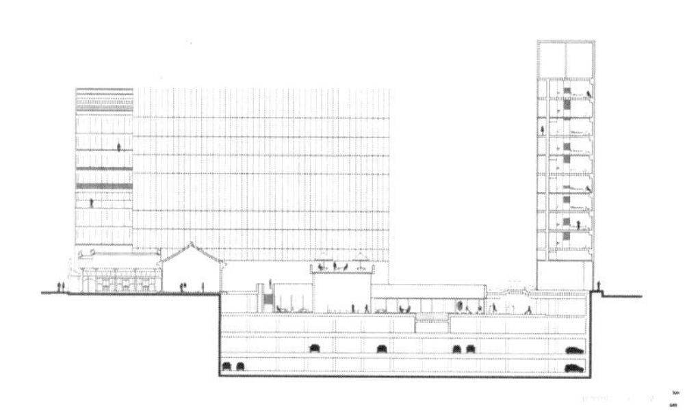

剖面图

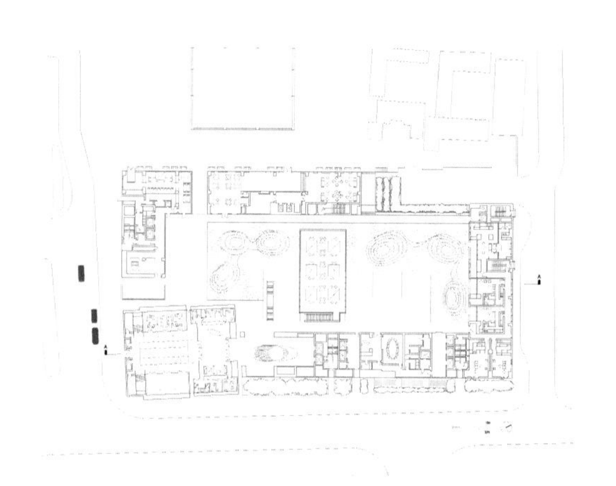

平面图

01

酒店的设计灵感来自什么？

Katy：成都当地的砖和灰色调形成一种质朴感，这是支撑建筑的元素，西南地区特有的梯田、水和茂密的绿树，影响了我们的建筑。无论从情感还是视觉上，我们遵从由下至上的顺序。下层庭院和地层颜色较深，地层采用了很多大块、坚硬且表面不规则的岩石，随着高度变化，到了首层石材会更加整齐、精细，感觉也更柔和。再往上是一些通透的砖墙，颜色对比更强烈一些，就像你把地球表面切出一个剖面，会看到下面的岩石层，而上面是细腻的肌理。酒店室内设计从下至上以一种序列的方式展开。从客房入口区到洗浴间、衣帽间，再到起居空间，色彩由深逐渐过渡到浅，起居室的色调比较明快、现代。客房并不以主题划分，而是顺应建筑的位置，考虑面积及朝向后，经过严谨的推导后设计出来。

博舍有哪些亮点？

Katy：第一个亮点是刚刚介绍的砖幕墙。第二个亮点是内部庭院，人们在树林中行走时阳光会把树影倒映于地面上，形成变幻莫测又非常亲切、自然的感觉。我们把这种图案抽象化，融入酒店庭院玻璃窗的纹路中，在玻璃上涂上香槟色的彩釉，不断变化的阳光会对它产生不同的作用。

设计博舍项目时遇到过哪些困难？

Katy：酒店的大堂入口是一个拥有几百年历史的小院，要在古建的小院中解决酒店的接待功能，并激活空间使之与公寓部分联系起来，成为酒店运作良好的整体，是我们遇到的挑战之一。第二个挑战是每个客房类型不同，而每种类型都需要甲方认可并且运作良好才能体现设计的价值，而我们经历了长期的研究和尝试才摸索出每一种房型。

博舍新大楼和古建筑两部分是如何结合起来的？又是如何处理两者间的文化关系的？

Katy：我们对这个古建小院不是采取破坏式的翻新或置换，而是保留了其最精华的部分，只在功能上进行了整合设计，从客人到达酒店起，庭院中的各种路线就起到分流的作用。灰色是成都的传统颜色，不同灰度的砖是成都当地非常有亲和力的材料，酒店的建筑外墙使用了灰砖，它让人感觉建筑具有历史感。建筑低处采用深灰色的砖，上部是浅灰色的砖，而砖构成的肌理类似成都编织工艺中的织锦。细看建筑幕墙，可以看到墙面凸凹起伏，是砖的编织纹路。

您如何解决项目预算与企业需求之间的关系？

Katy：这涉及怎样协调不同业主的需求。我们和太古的交流非常顺畅，他们对设计也有很高的期许，对酒店品牌也有很高的要求。而另一个合作方远洋地产希望酒店尽快建起来，并且控制了有限的预算。我们需要不断协调各方意见，直到各方都满意。我们认为一个好的、成熟的建筑师不会被动地妥协一个方案，而是懂得净化方案，使自己的设计理念得到保留，且满足不同甲方的要求。

02

03

博舍酒店实际效果是否达到您的预期?

Katy：这是一个持续的，甚至还在进行中的合作过程，我们的设计理念非常简洁、现代，但使用的材料，设计的图像需要很高的工艺和施工水准才能达到我们需要的效果。我们尽量提供各种指导，并实时监控施工，检查完成进度。我们希望最后呈现的效果能够尽可能符合我们的目标和预期。而且我们有一种很重要的工作方式，先建好一间样板间，在样板间基本达到我们的要求以后，其他的房间才会按照同样的标准去实施。所以实际效果与设计不会有很大偏差。

01 酒店的建筑外墙编织纹路的灰砖
02 质朴的建筑外观
03 酒店旁边是有着 400 年以上历史的成都大慈寺

04

05

06

07

04-05 TIVANO 意大利餐厅
06 JING 酒吧
07 The Temple Cafe 咖啡厅

08

09

08 室内泳池
09 楼梯
10 客房起居室
11 客房卧室

12

13

12-13 客房洗浴间
14 酒店夜景
15 酒店内部庭院
16 酒店的大堂入口是一个拥有几百年历史的小院

JW Marriott Zhengzhou Hotel

郑州绿地JW万豪酒店

项目地点：河南，郑州
设计面积：50,000m²
完成时间：2014年2月
设计单位：达克米勒欧曼事务所（DMU）

郑州绿地JW万豪酒店的室内设计在采用现代科技的同时，巧妙诠释当地文化历史底蕴，DMU室内设计的灵感结合历史的发展轨迹——从早期丰富的金属色调，到青铜器时代的铜绿色，后至雕刻玉器的浅绿色及源于精美瓷器的异域风情的孔雀蓝——所有这些元素都在这片区域得以充分展现。酒店建筑设计方SOM在建筑设计上也体现了当地的塔林设计元素。

室内设计微妙地融入了古都郑州作为中国文化发源地五千年来的悠远历史。大堂的石材地板图案再度延续塔林的建筑形态，青铜色金属饰面贯穿整个建筑，仿效东亚最为重要的古青铜时代风格。酒廊的装饰采用具有现代感的灯笼，并配以高雅的水晶材质灯罩，采用历史沉淀的色调来装饰室内陈设，贯穿接待区域和酒廊区域，熠熠生辉。

三楼前厅的艺术品呈现出对古青铜器的现代诠释，贯穿于宴会厅和前厅区域的地毯，其色调可以效仿那些古材料的效果，打造出一种具有动感的现代图案。宴会厅的吊灯体现出现代风格，但其用青铜材质的吊杆和水晶珠等传统材质制作而成，反射灯光，光彩夺目。

中国汉字起源于商朝（公元前16—11世纪）时期的河南省地带，开启了源远流长的书法艺术之旅，书法艺术效果呈现在客房和塔楼走廊区域的地毯图案和背景中，在图纸中通过线性元素来展现道路或花园墙壁。走廊的艺术品作为建筑细节，也来源于郑州及其周围区域，客房内的陈设装饰为现代风格，具有丰富层次感的材料，颜色为青铜色，书桌上面的艺术品为具有当代风格的古青铜器。

01 高达208米的酒店是当地的地标性建筑
02 接待前台
03 大堂
04 室内中庭的结构再度延续塔林的建筑形态
05 底层接待区
06 大堂吧局部细节

04

05

06

07

08

09

10

07-08 郑州厨房餐厅
09-10 酒廊

11 三楼前厅的艺术品
12 商务会议室
13 宴会厅
14 水疗中心入口
15 室内泳池
16 客房

14

15

16

The Westin Chongqing Liberation Square

重庆解放碑威斯汀酒店

项目地点：重庆
建筑面积：45,000m²
完成时间：2014年
设计单位：CCD 香港郑中设计事务所
主设计师：郑忠

项目位于重庆解放碑中心地带最高处，这里是重庆的商业和历史文化中心，地理位置极其优越，站在酒店大堂就能看到长江、嘉陵江、朝天门广场等美景。

设计中考虑到其独有的地理位置，怎样将当地的建筑特色和人们的生活方式以及新的生活理念结合起来，让酒店更具生命力，满足高端客户的需求，达到现代和传统民族文化的共鸣，成为设计思考的主要议题。

整个设计创意中，时尚与独有的巴渝文化的交融，借以山城风貌的形态，细腻与粗狂的结合，既体现了巴渝文化，又融入酒店品牌的浪漫情怀。

室内设计延续酒店建筑的特征，整个设计为现代时尚风格，灰色基调，形意结合。设计元素中处处体现浓郁的巴渝山城风情，从后现代简约中式家具到时尚灯饰的运用，从小饰品到硬装设计，都体现出重庆的历史文化沉淀的和雾都印象。大量运用借景、写意的设计手法，让客人拥抱自然，在水墨山水中尽情释怀。

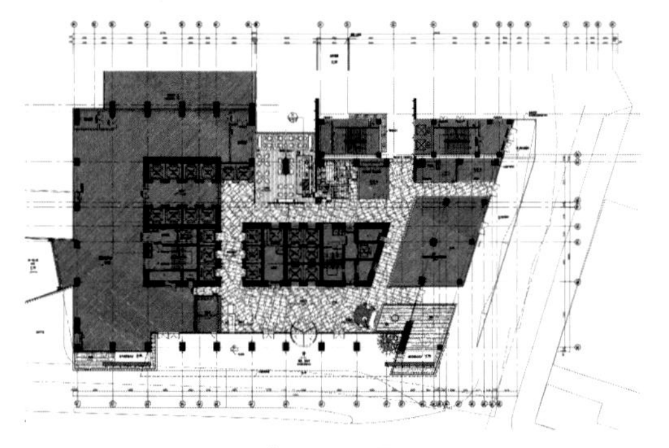

门厅平面图

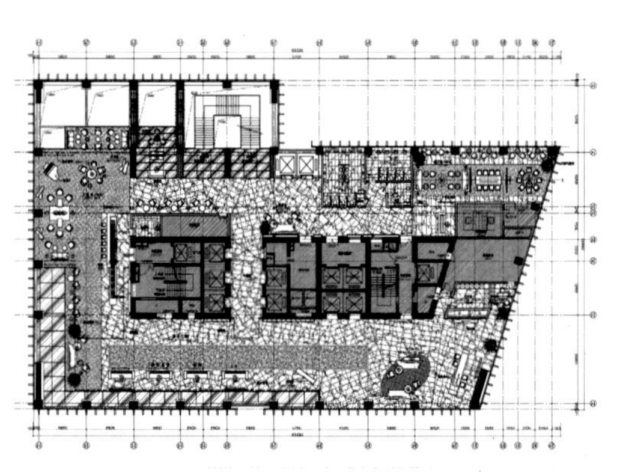

51层大堂吧及雪茄吧平面图

01

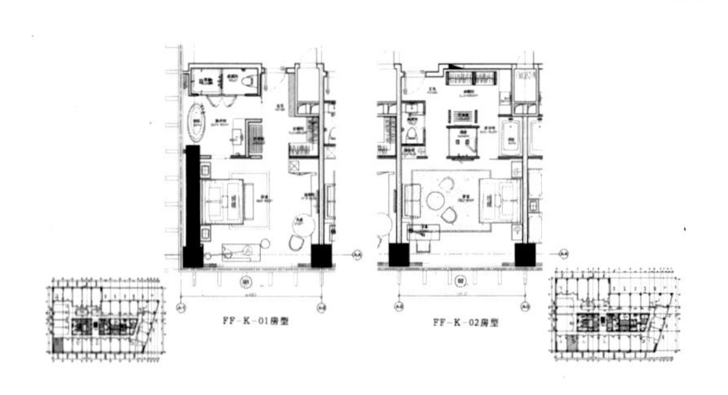

客房布置平面图

01 酒店大堂
02 酒店室内设计既体现了传统的巴渝文化又兼具现代感

02

03

04

03-04 电梯过道体现浓郁的巴渝山城风情
05-06 餐厅自然时尚的色调
07 自助餐厅

05

06

07

08
09
10
11
WFC

12

13

08-09 现代风格
10 大量原生木材的运用
11 露天泳池
12 客房
13 客房洗浴间

The Emperor Hotel Beijing Qianmen

北京前门皇家酒店

项目地点：北京
设计面积：7,500m²
设计单位：asap/ Adam Sokol Architecture Practice pllc
主设计师：Adam Sokol
设计团队：Li Ling、Daymond Robinson、Gregory Serweta、Nicole Halstead、Nicole Lee、Ana Misenas
摄影师：Jonathan Leijonhufvud

水流线图

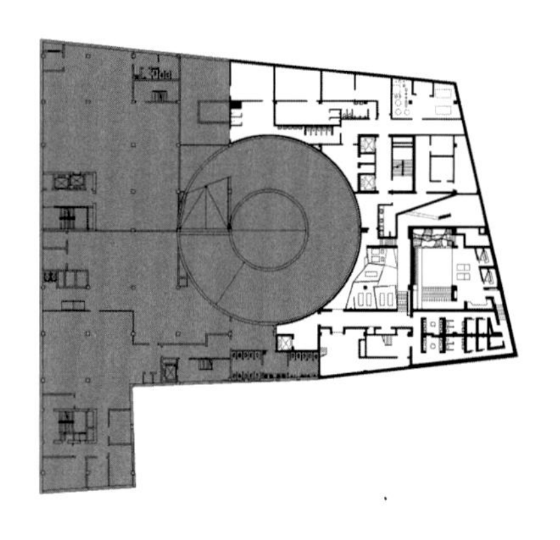

地下一层平面图

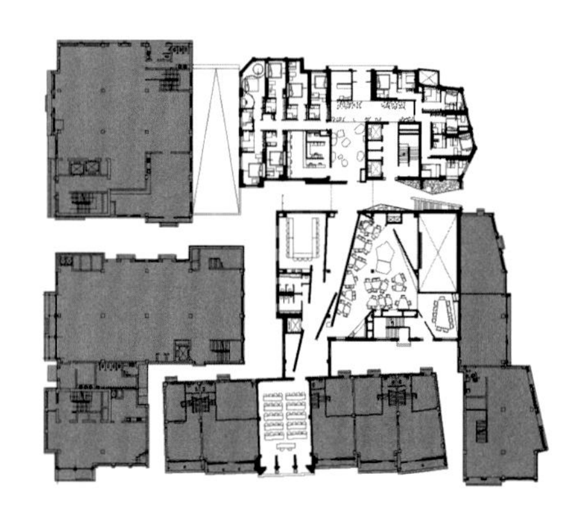

一层平面图

酒店所在位置曾是一个公共浴池，新酒店仍保留了浴池的精髓和神秘感。情感抒发和梦境体验取代了空间布局和流通性，幻象和回忆取代了材料和细节成为设计的主导因素。从地下层的欧舒丹温泉浴池到顶层的北京最大的酒店屋顶酒吧，酒店为参观者和游客提供一个全新的公共空间的体验。"水"贯穿于整个设计，水从屋顶漂浮的泳池中倾泻而出，如雨水般落下，流淌过酒店内一系列室内水道，最终从15米的高空洒向水疗中心的水疗池。酒店客房设计为游客提供了宁静的享受空间，每间客房的设计都不同，为游客提供一个独特且令人难忘的旅程。

请谈谈客户对前门皇家酒店项目的设计要求是什么？设计过程中的重点和难点分别是什么？

Adam Sokol：像大多数酒店业主一样，他们希望有更多数量的客房，当然空间设计除了具备必要的功能外，最好还能给人留下深刻的印象。我们面临的问题是业主往往不知道他们到底想要怎样的设计，甚至在业主群内部，很多个人也会有不同的选择倾向。但项目带给我们的最大挑战还是如何在海外更好地与当地承包商和材料商进行沟通和联系，以控制项目的进度，并最终达到好的效果。和各方面建立令人满意的关系非常重要，但做到这一点往往比做设计本身更具有挑战。

您设计的灵感来自什么？

Adam Sokol：很多东西都能激发我们的灵感，这其实是一个你怎样看待它的问题。我们常常被自然力量所吸引，我们通过特殊的地理位置和项目的文化语境来展现这种自然美。尽管这个世界有很多丑陋的东西，但美仍然是无处不在的。

请谈谈前门皇家酒店项目的一些设计亮点。

Adam Sokol：毫无疑问，水的运用是酒店设计一大亮点。当你能够提出一个概念，不管它多么不同寻常或有创意，看到它经由各种方式被实现，并且有一个支持你的业主和一个技术娴熟的设计团队，你会发现这是一个很不错的体验。在这种情况下，要实现水的主体特征，我们的合作者Dan Euser运用他的技术和经验帮助我们将雨水和瀑布的设想带入生活，并始终与客户的要求保持一致。

北京有着浓厚的文化底蕴，您怎样看待酒店空间与当地文化之间的关系？

Adam Sokol：酒店不仅要与当地文化相联系，还要能诠释当地文化，同时又要有属于自己的独特体验。当然，理想的状态是这三者能完美结合，相互补充。

在前门皇家酒店项目中，您怎样平衡项目预算、企业需求和艺术创新之间的关系？

Adam Sokol：对我们来说只有一个理念，拥有一个强大的理念，你就会知道什么是重要的，什么是不重要的，很多东西从开始设计到最后完成都是捆绑在一起的。控制预算不是最大限度地减少成本，而是精明的投资和战略规划。

01 水从屋顶漂浮的泳池中倾泻而下

01

02

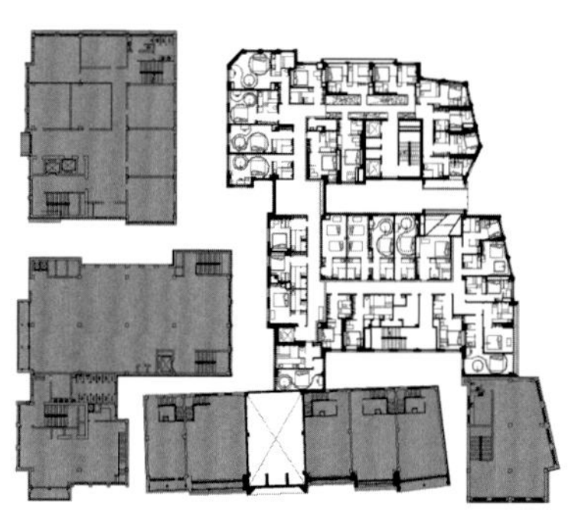

二层平面图

03

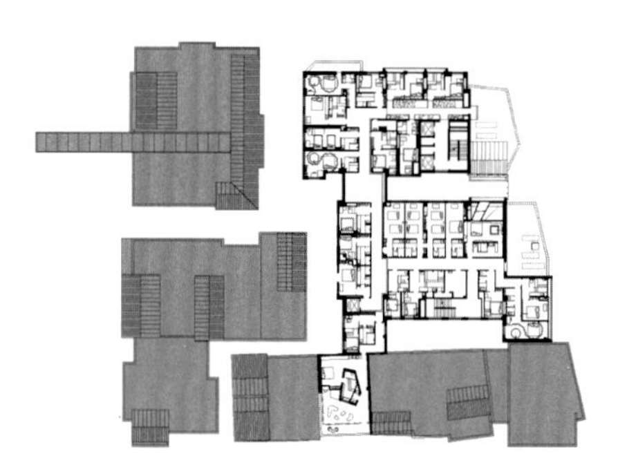

三层平面图

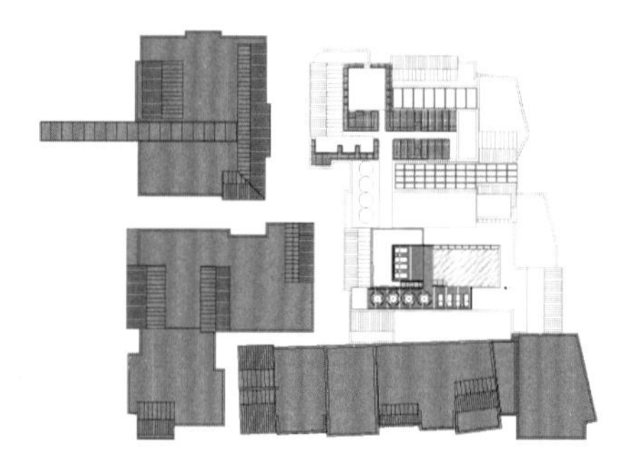

顶层平面图

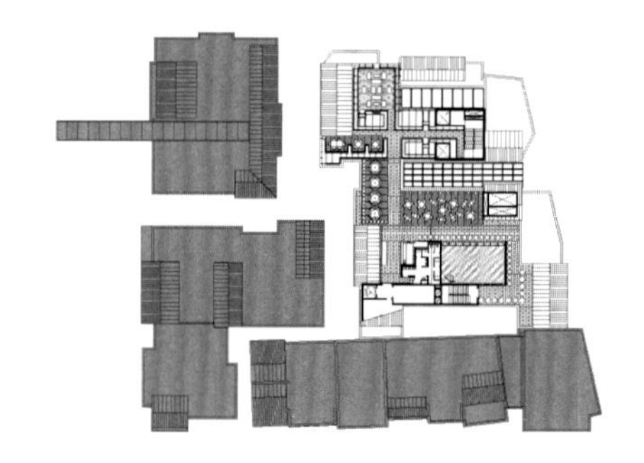

02 屋顶景观
03 水如雨般从高空落下，营造出烟雨朦胧之感
04 餐厅
05 灯光营造出神秘氛围

04

05

06

07

08

09 10

06 会议室
07 转角处别有洞天
08 生命的绿装点世界
09-10 浴室的水仿佛从山间洞隙中流出

11

12

13

14

11 客房温馨舒适
12 泳池
13 仰卧即看见蓝天
14 SPA 房的水从天上来，又流向未知的地下

Mont Aqua Resort

宜春恒茂御泉谷国际度假山庄

项目地点：江西、宜春
设计面积：23,000m²
完成时间：2014 年 2 月
设计单位：赵牧桓室内设计研究室 MoHen Chao Design Assoc.
主设计师：赵牧桓
设计团队：王颖建、赵玉玲、胡昕岳
摄影师：舒赫摄影

该项目坐落于江西省靖安县御泉谷的上风上水之地，设计灵感源于陶渊明的《桃花源记》，最终创造出与自然融合的建筑群体。

在整个空间的设计过程中，砖、石、席、麻等材质的一起使用，各种材质的鲜明对比与变化，提炼、概括出空间和时间的模糊性，隐喻“世外桃源”的意境。

进入大堂，墙面上灰色石材雕刻的《桃花源记》中的诗句映入眼帘。镂空屏风隔墙的设计让空间隔而不断，与具有传统韵味的家具和配饰相互交融，也打断了俗世的纷扰。柱子和天花上的装饰灯具通过金属的锐利、木质的细腻强调了空间结构，精致笔挺的吊灯令空间由内向外展现出独特的魅力。

悠长的走道上灰白色空间配合温暖沉着的木色格子窗棂，营造了一种优雅又不失热情的氛围。天花的黑色线条设计带有极强的导向性，墙面上特别设计的壁灯与柱体结合，极大地丰富整个空间的层次感和趣味性。

中餐厅天花还原建筑屋顶原有的结构，保持空间的开阔感。室内的家具、灯具外观简洁质朴，宁静的色调营造出优雅的用餐气氛。其间的天花吊灯巧妙地引入毛笔元素，具有极强的后现代艺术气质。

西餐厅的入口设计灵感源自中国传统的影壁，采用铁艺镂空祥云图案设计，隐约透出的光线使整个墙面变得朦胧虚幻。深灰色的调子，强烈的红色跳跃其间。沉稳平和的空间氛围利用戏剧的元素，进行抽象概括，形成中西和古今的融合。

客房的设计延续酒店的整体色调，将新中式风格贯穿始终。卫生间特意调整空间格局，铁艺玻璃的国画隔断设计可以让空间自由变动与外界的视觉联系。客房主墙面以手绘花鸟国画展现细腻质地，顶部镂空花格，灯光投射其上，散发出古朴浪漫的情调。

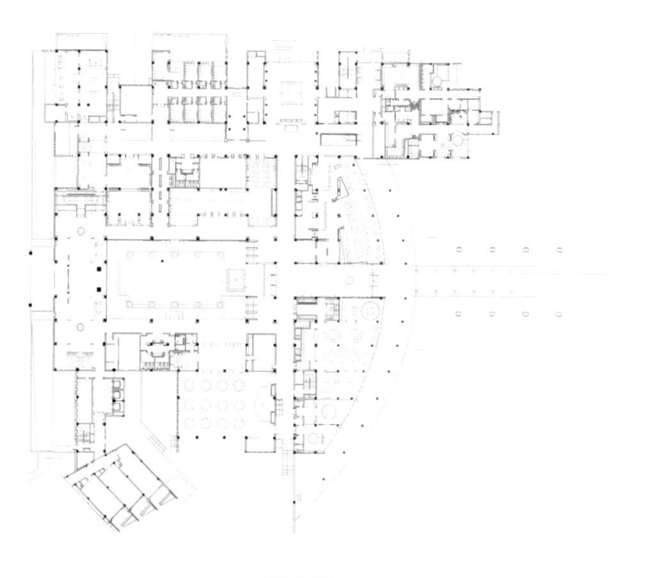

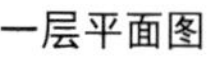

一层平面图

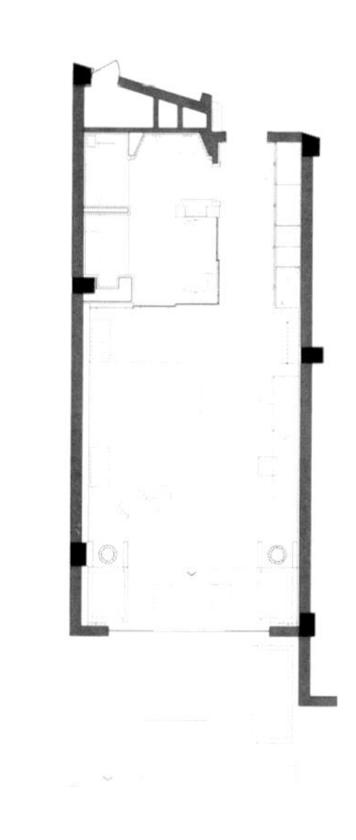

客房平面图

01 酒店正入口的木结构，开启空间的巡礼
02 通往后花园玄关过道
03 商务中心入口
04 会议室外简单休息入口，与室外成为对景关系

03

04

05

07

06

08

05-06 西餐厅早餐吧台
07 中餐厅贵宾室
08 中式餐厅墙面上大面积的立体浮雕
09 中餐厅

09

10

11

10 别墅区客房
11 标准套房
12 套房客厅
13-14 三房别墅客房客厅

Villavila MASVA-Xichong Yuan in Wuyuan

婺源·墅家墨娑西冲院

项目地点：江西、上饶
设计面积：900m²
完成时间：2014 年 9 月
设计单位：深圳市墅家文化与度假有限公司
主设计师：聂剑平

01

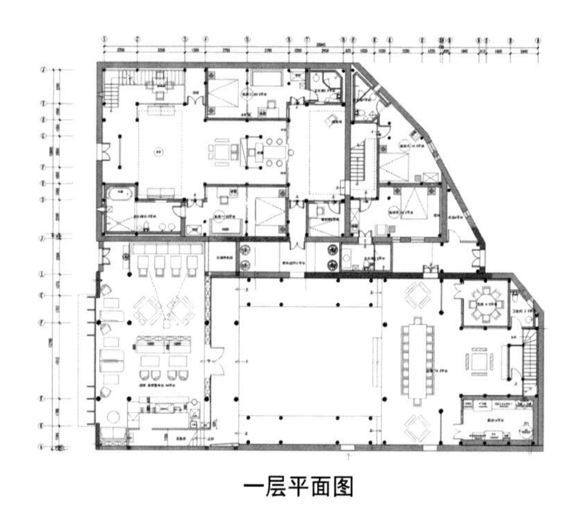
一层平面图

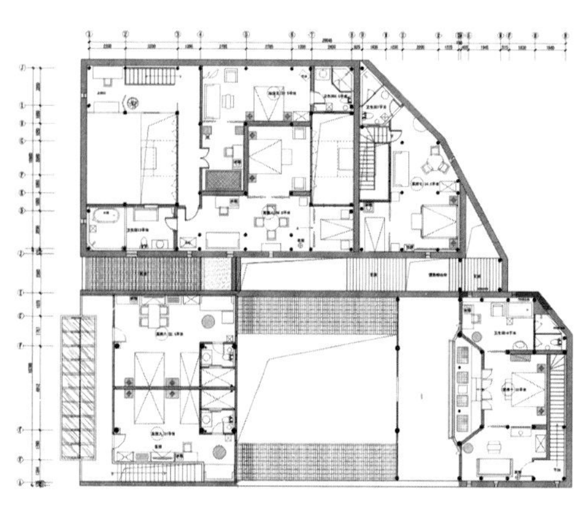
二层平面图

如何在恢复古建筑的同时有所创新以适应现代人的审美需求？设计围绕这个问题做了大量的工作。传统徽州老宅最大的特点是有天井无院落，视觉感比较阴暗难以久居，设计利用家祠前的空地加建一栋由一层咖啡厅和二层水景房构成的两层小楼，家祠与小楼之间自然地形成了一处有回廊的院落，使空间变得更有层次感。所有古建筑天井及公共部分完全按老宅原样恢复如旧，客房室内沿外墙一侧保留了原样，新隔墙均由白色石膏板刷涂料做成，地板刻意挑选了带节疤的柞木，原有木结构保持原样，由此设计自然而不露痕迹地将新与旧完美融合。室内色彩基本以黑白灰为主，局部跳跃的红色、绿色、黄色使空间不显沉闷，充满了现代时尚的气息。家具大部分根据当地徽州家具款式做了简化设计，上色则从法国新古典家具中吸收灵感，上了三种不同灰色。同时为了让建筑与乡村生活融为一体，老宅前开挖了一处水塘，将原本完全幽闭的徽州民居改造成一个远山、近水、休闲平台、咖啡厅、祠堂内外交融、相互呼应的休闲空间，古典美与现代美和谐共生，完美地展现在人们面前。

您设计婺源墅家墨娑项目的灵感是什么？遇到哪些困难？又是如何解决的？

聂剑平：项目的设计灵感源于其所在的那片土地及周边的环境，这是一个古宅修复的项目，原则上要修旧如旧。古宅周围有大树、稻田、近山、小溪，自然环境非常好，正是这些自然环境给了我设计的灵感，我也认为古宅只有处在这样的环境中才会有意思。

请您具体谈谈房间设计中有哪些创新？“新”与“旧”之间的关系如何协调？

聂剑平：老宅的建筑主体和一些天井部分，我们坚持修旧如旧的设计原则，保留建筑原本的面貌。但是在传统的徽州民居中，室内比较阴冷逼仄，通风效果不好，因此，我们在房间里设计了一些天窗，既有助于通风，也有利于采光。此外，老建筑的阴暗色彩很难让人心情放松，所以在房间的色彩运用方面，我们也采用了比较现代的设计手法。

我们将房门作为“新”“旧”设计的界限，房门内是现代的设计，房门之外的天井保留旧有的传统设计。传统与现代之间并不冲突，因为在“新”设计中，我们运用的色调是传统的黑白灰，这种色调与老建筑是有关联的。在材质的运用上，设计也与老建筑保持一致，只是在表现手法上有些不同，这些“新”设计使整个老宅的室内空间更加干净明亮。如果你到现场去，会感觉传统与现代的界限并不明显，室内外很协调。

02

03

04

01 酒店坐落在沉寂的古村落
02 建筑与自然的关系和谐
03-04 老宅修旧如旧，保留历史氛围的同时强调内外空间设计的聚合力

05

06

07

08

05-09 原有木结构体均保持原样

09

10

12

13

11

10 -13 局部间以跳跃色彩使得空间充满了现代时尚的气息
14 客房室内沿外墙一侧保留了原样
15 客房与户外怡人的风景融为一体

14

15

Yangzhou Heritage House Hotel & Resort

扬州境庐精品酒店

项目地点：江苏、扬州
设计面积：1,200m²
完成时间：2015 年 3 月
设计单位：HWCD
主设计师：林宏俊、孙炜、石俊

扬州境庐精品酒店与岭南会馆建筑博物馆坐落于一座充满历史感的城市，同时也是中国的热门旅游目的地之一的扬州，由 HWCD 完成了博物馆室内设计和精品酒店从建筑改造到室内设计工作，并自主研发管理。

境庐精品酒店共有 35 间客房，由 4 座旧的教学楼改造而成。酒店的接待处设在岭南会馆建筑博物馆正门对面，宾客的入住将十分方便。穿过古老建筑与公共空间，宾客进到一个相对私密的酒店区域。酒店内部配有咖啡厅、餐厅、酒吧服务，这些不仅满足了世界观光旅行家们的高标准，而且达到了当地人对于美食、小吃的期望。硕大的公共空间，装饰着 8 棵茂盛的樟树木，户外游泳池与吧台、影院等的搭配，让宾客进一步感到身心放松，悠闲自得。设计师和开发商为客户提供了一个难得的机会再现扬州传统建筑的隐秀之美和悠久的人文历史，如人间天堂般地坐落于这个世界。同时，也为扬州这座古城的 2500 岁生日庆生。

35 间大小相近的客房是由原有学校教室和走廊改造而来的，透过窗户能看到现代风格的花园景致。标准客房最大的特色是明代风格家具配备高科技设施为宾客提供了独自享受的条件，也从细节处展现了中国文化。而最新的科技产品例如 ipad 中央控制面板和内置软件实现了更高效、高品质的服务。木地板、暖色橡木家具、精致面料等材料的使用让氛围变得温暖，令空间更有生机。恒定的主题和色彩系统将所有房间内不同的图案和装饰品进行统一，例如中国画壁纸和当地手工漆器。

01

02

03

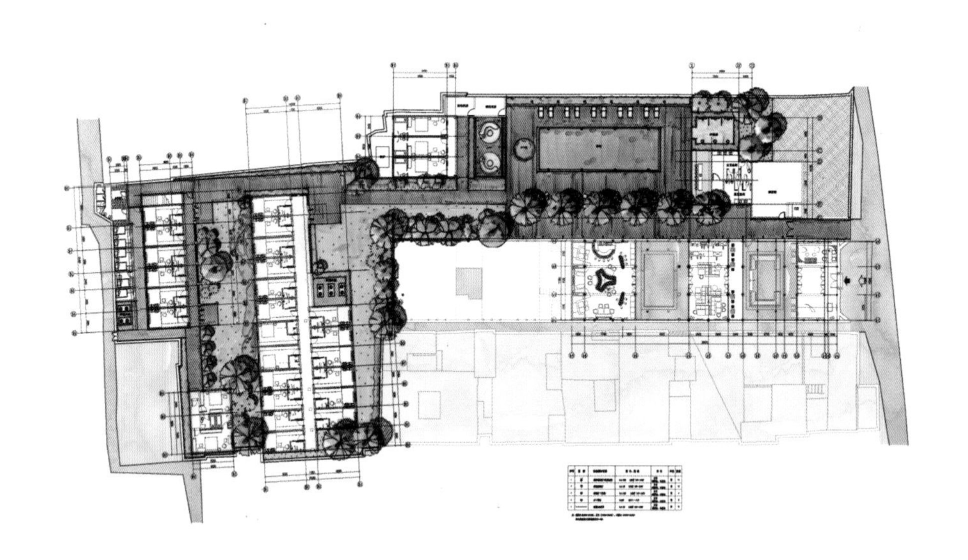
平面图

01 建筑博物馆隐藏于古建筑内
02-03 清朝时期的古典建筑被完好地保留了下来
04 -05 庭院内静谧而又舒适

04

05

06 博物馆空间
07-08 摩登的室内图书吧与古建筑相得益彰

07

08

09

10

11

12

Yunshuige Boutique Hotel Qiandao Lake

杭州千岛湖云水·格精品酒店

项目地点：浙江，杭州
设计面积：3,300m²
完成时间：2015 年 2 月
设计单位：唯想建筑设计（上海）有限公司
主设计师：李想
设计团队：范晨、刘欢、童妮娜、郑敏平

由于建筑的现代简洁风格，加上客户方要求以较快速度完成，硬装设计一切从简，由白色地板和墙面的简单白色粉饰来奠定纯净的基调。

设计的重点逻辑在于展示每一组家具的形式，每一个细节的表达。大堂里，用实木雕琢出了两叶舟，其一被用支架的方式悬空，营造出水充盈其中的感觉，船桨被艺术化成了屏风与摆件，配以如荷花一般挺立的“飘浮椅”，再用当地盛产的细竹编制成的网格作为吊顶，透过灯光把竹影洒向了白色的墙面，如此来表达一种扁舟浮水面的意境。餐厅里，设计者把枯树镶嵌在了桌子上，结合光影的互动，一副山林之貌便如此显现。

每一间客房里，都用以一颗石子触碰水面那一刹那的波动作为沙发的出现形式，涟漪一般展出几轮优雅的弧线。设计者通过一棵树，一根藤，一颗石子，一个鱼篓，经过精细的加工，小心翼翼地放置它们的位置，填补出整个构图中的主次角色。

整个设计的材料以木、竹为主，以此来表达一种亲近生态的质感。配以纯白色的主色调，不仅凸显了木质带来的宁静，也有一种简练的现代时尚气息。

总平面布置图

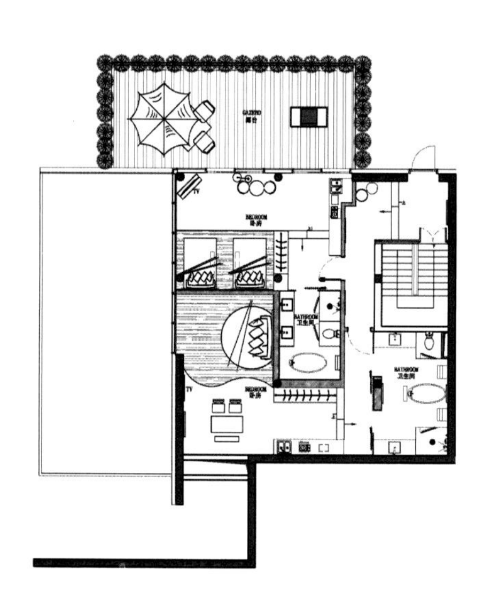

一楼平面图（独栋户型大床房 + 标间）

01

02 03

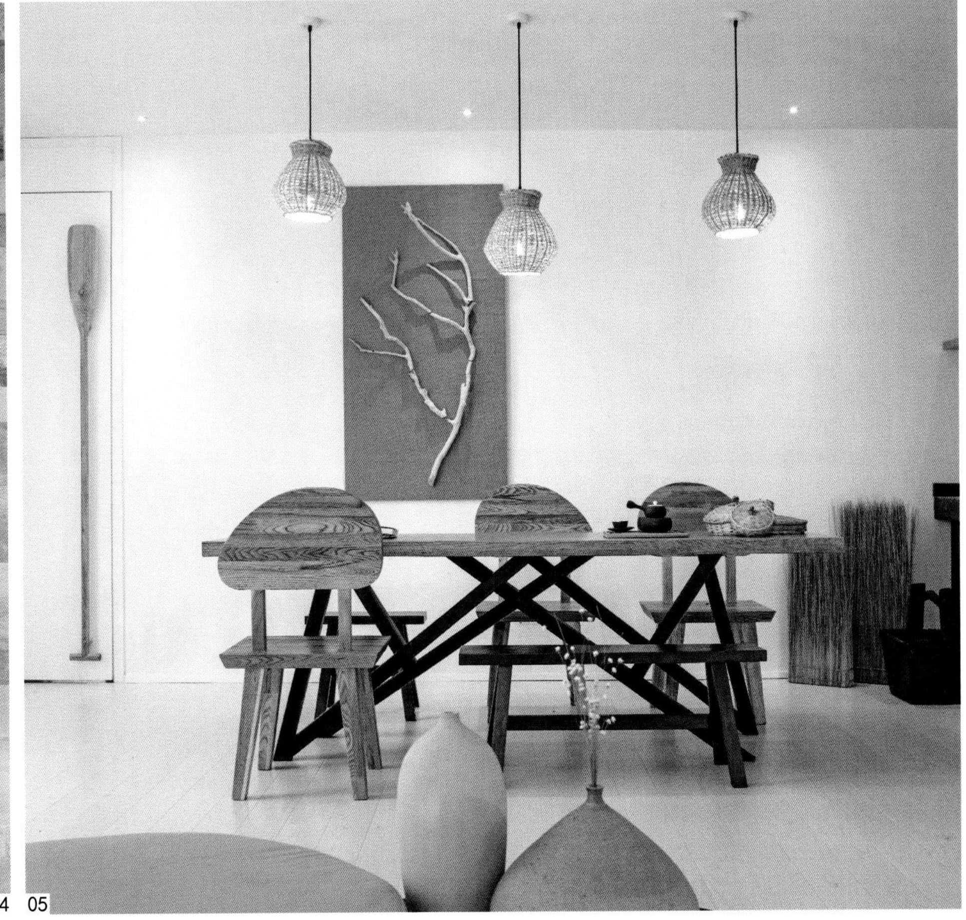

04 05

01 悬空的扁舟漂浮在空中
02 木与竹为主的材料表达出亲近生态的质感
03 细竹编制成的网格作为吊顶
04 船桨被艺术化成了摆件
05 木质带来的宁静也有一种简练的当代时尚气息

06

07

08

09

06-07 枯树镶嵌在桌子上面的餐厅里，光影的互动，一副山林景象
08-09 涟漪一般优雅的弧线

10

11

12

13

14

15

16

10-12 洗浴室
13 惬意的一角
14-16 原生的纹理与人工粉饰的光洁感演绎出一部设计师幻想中的山水戏

Treeart Hotel

璞树文旅

项目地点：中国台湾，台中
设计面积：421.8m²
完成时间：2015 年 2 月
设计单位：周易设计工作室
主设计师：周易
设计团队：辛佳臻、黄毓翎
摄影师：王诗云
主要用材：铝格栅、铝包板、大理石、654 石材、镀钛板、旧木料、镜面不锈钢、橡木染黑木皮、梧桐木钢刷、秋香木木皮、木纹砖、文化石

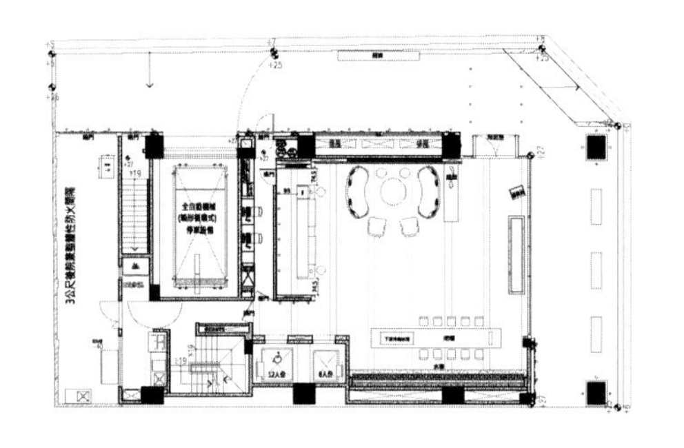

一层平面图

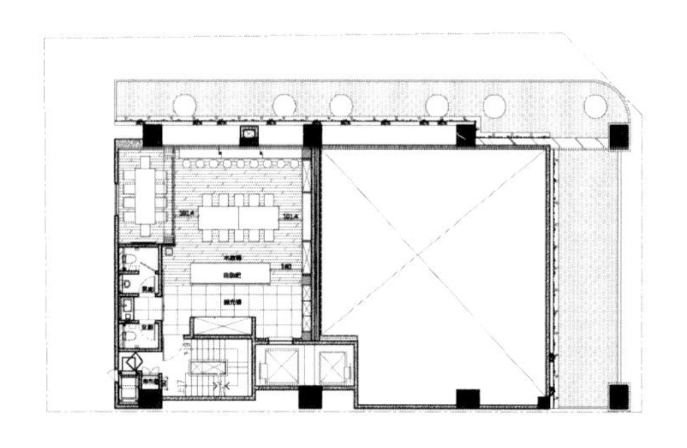

二楼夹层平面图

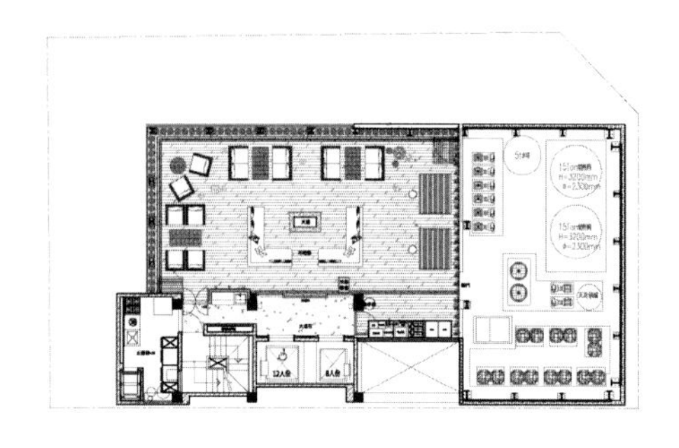

顶楼平面图

枝叶繁茂的大树，总让人感觉生机盎然。

坐落在台中逢甲商圈的“璞树文旅”是一栋以树型冲孔金属构件包裹的摩登建筑。

一楼入口骑楼导入自然、时尚和文创等主题概念，天花板湛蓝的波浪光带，以大量、不同长度的亚克力棒勾勒流畅波弧，衬以 LED 彩光来烘托流动的光谱，墙面造型则以灰阶渐层的方管格栅乱序排列，其间穿插植生墙的软元素。

迎宾大厅体现了多元美学的撞击、融合。挑高的大厅三面各有主题，首先是面贴黑色刻沟大理石的水幕造型墙，刻意低调的灰、黑色映衬着流动的水波。水幕墙上方使用凹弯的压克力须扎出树枝状、类心形的浪漫装置艺术，内置点点星光投影在上方的黑镜天花板上。墙前设置石材长台，平时也作时髦的 Loung Bar 来使用。柜台量体的设计搭配双色石材并作皮革面处理，对话上方与背景的格栅线条。与水幕墙对望的是科技感十足的仿真壁炉，由 LED 投影的火光隐喻宾至如归的温馨，壁炉上方大胆使用旧木料镶嵌并缀以金属饰条。天花板高低错落的群聚云朵造型以镜面不锈钢打造，透过镜面中各种角度反射大厅的内部影像。

二楼夹层区规划多功能休闲区，设计考量多人共享的必要性，以电视墙和木制大长桌为轴心，两侧安排平行的靠窗长台和供餐区，大量木质打造的空间温馨而舒适，书柜的设计增添了闲逸慵懒的人文气息，另有拉门界定的独立包厢，可满足商务、会议、主题聚会的需求。

顶楼规划空中酒廊，四面皆是落地大窗，加上可隐约见到云朵飘过的格栅天顶，宛如玻璃屋的现场采光极好，设计特地沿着窗边设置舒适的沙发卡座，一旁还有两座背靠植生墙的发呆亭，刷成深木色的金属格栅构筑出类似鸟巢的休憩单元。

01 酒店建筑外墙以灰阶的方管格栅乱序排列，其间穿插植生墙的软元素，在有序的律动中保留人文的暖度
02 酒店是一栋以树型冲孔金属构件包裹的摩登建筑

02

03

04

03 大堂接待台
04 挑高的大厅内悬挂了高低错落的群聚云朵造型镜面不锈钢
05 通过镜面的反射，视线在此充满惊奇与炫目

05

06 二楼夹层功能休闲区大量木质打造的空间温馨而舒适
07 书柜的设计增添闲逸慵懒的人文气息
08 以大长桌为轴心的用餐区
09 四面落的大窗给顶楼 Sky Lounge 提供了极好的采光
10 背靠植生墙的休憩区

09

10

Jinjiang Inn Husong Road in Shanghai

锦江之星九亭沪松公路店

项目地点：上海
设计面积：7,400m²
完成时间：2015年5月
设计单位：HYID上海泓叶室内设计
主设计师：叶铮
设计团队：范娟、李赛
摄影师：孙翔宇
主要用材：渐变玻璃、铝合金、陶瓷地砖、地中海特殊涂料、木饰面、线帘、皮革

本案坐落于上海九亭沪松公路旁边，是由上海锦江管理集团投资的一家中小型经济型酒店，该建筑酒店面积约7400平方米，客房数167间。

设计将深灰色宽窄各异的垂直线不等距排列，形成富有层次的界面，并与其后的透光玻璃形成一明一暗，一虚一实，一整一散的层次对比，在这一退一进的关系变化中拉伸空间的视觉感。成排铝合金装饰条与透光玻璃组合而成的界面装饰，搭配富有沙粒感的地中海特殊涂料与具有自然气息的木饰面板，在灯光的渲染和陈设品的陪衬之下，于无声中诠释了“东方韵味”的设计概念，现代之美，东方之韵，形魂相融，粗糙中倍感细腻，简朴中暗生雅致，幽暗中丛生宁静。

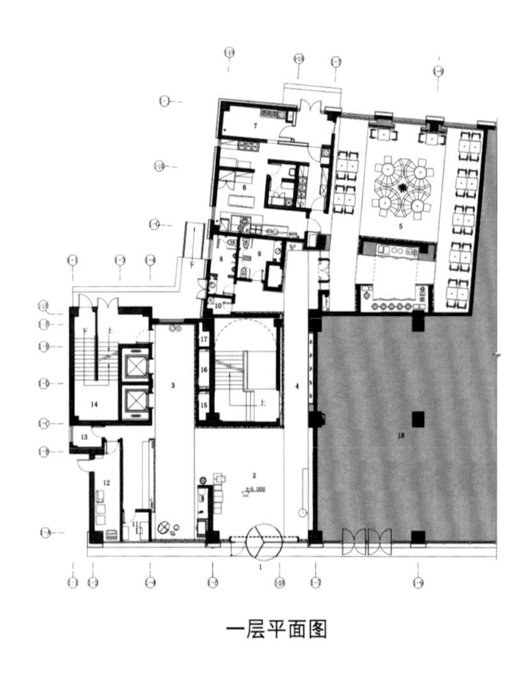

一层平面图

01

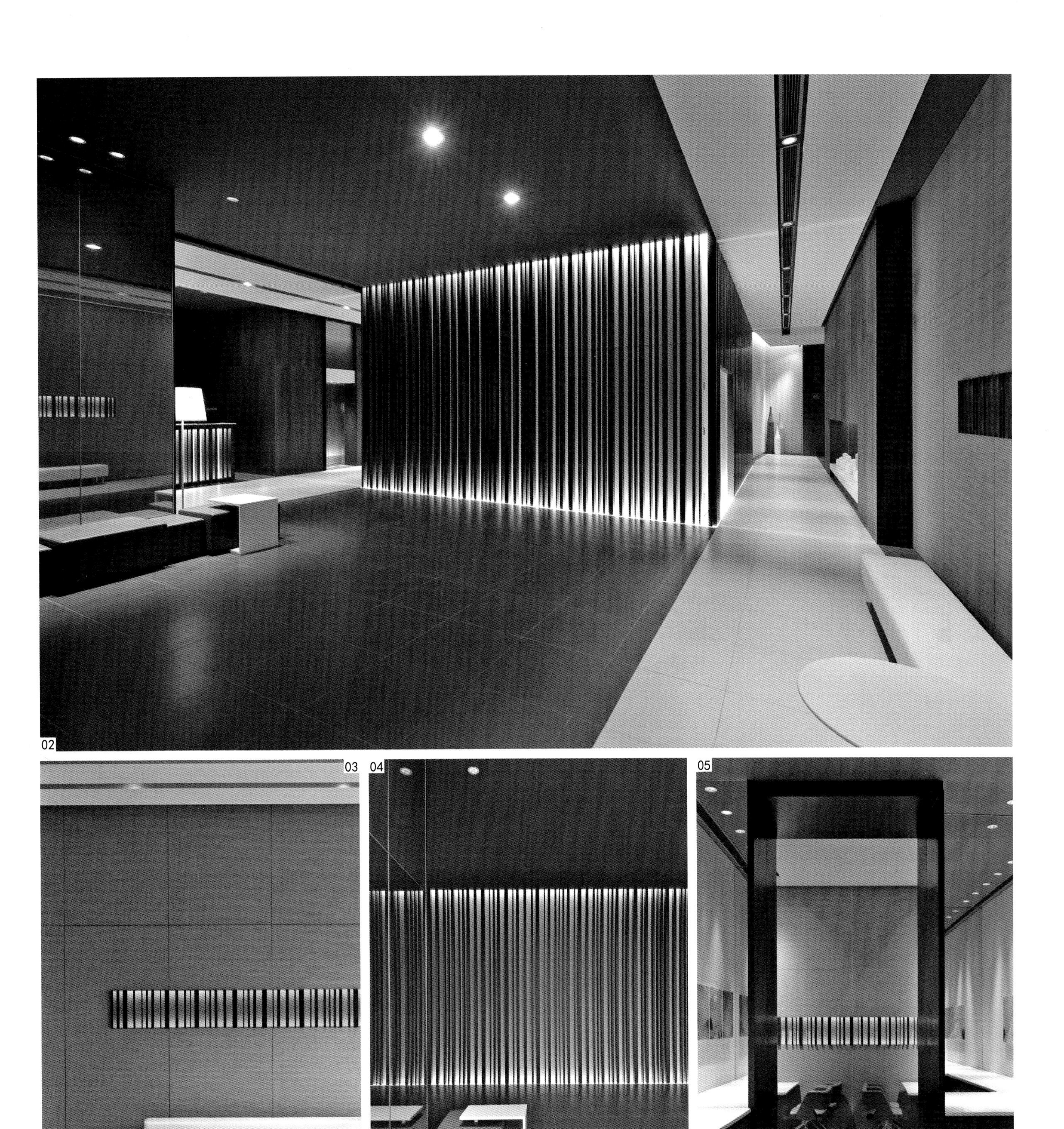

01 成排铝合金装饰条与透光玻璃组合而成的界面装饰接待台
02 深灰色宽窄各异的垂直线不等距排列，形成富有层次的界面排线
03-05 一明一暗、一虚一实、一整一散的层次对比

06

07

06-07 理性的优雅中静显东方之美
08-10 幽暗中丛生宁静，简朴中暗生雅致

08 09

10

Chimelong Circus Hotel in Zhuhai

广东珠海长隆马戏酒店

项目地点：广东、珠海
总建筑面积：46,600m²
完成时间：2015年2月
设计单位：广州集美组室内设计有限公司
设计团队：陈向京、曾芷君、徐婕媛、张宇秀、陈志和、李江南

马戏诞生于古罗马角斗士斗兽场，英国的一位退伍军官阿斯特利发现了离心力中的平衡点，将马戏带进了圆形剧场，于是就有了我们今天所看到的马戏表演。

当代马戏由传统的马戏结合歌剧、时装、舞蹈等多元化元素，由传统的单个节目发展到有节奏、有故事、有剧情，古典与时尚碰撞的当代马戏。

本案述说的是一个关于马戏的故事，将“跌宕起伏、梦幻斑斓、天马行空、滑稽幽默”的马戏精神穿插在室内空间之中

设计希望将古老马戏元素与现代装饰相结合，古典与时尚混搭，将马戏道具穿插在空间之中。使住客与马戏互动，亲身参与到马戏之中，创造出游离于梦幻与现实之间的空间感，使主题酒店得到了更高层次的升华。

酒店公共空间主要为大堂、大堂吧、贵宾接待室及全日餐厅。大堂与大堂吧以“神奇彩眼”为主题，彩色的世界在我们眼前拉开帷幕，让每一位客人的眼中都闪烁着彩色的光芒；贵宾接待室以“马戏史诗”为主题，通过历史经典的马戏主题点彩画运用在屏风上，让客人仿佛走进了一个恢弘庄重的马戏历史长廊；全日餐厅以“梦幻乐园”为主题，“月亮、呼啦圈、兽笼、几何拼花”等元素配合缤纷色彩营造“梦幻乐园”的主题。

客房区域有705间客房，主要以“高空、杂技、驯兽、小丑”作主题进行区域划分。高空客房区以“浪漫星空”为主题，一弯明月高挂满天星空之中，抬头仰望，深邃无限；杂技客房区以“奇妙宝盒”为主题，小丑夸张、绚丽的色彩及道具融入其中，使客房主题更加鲜明突出，趣味不断；驯兽客房区以“森林乐章”为主题，以老虎跳火圈为设计理念，跃动的老虎纹，彩色的呼啦圈，鸟兽造型的床头灯及丛林感觉的家具，使客人置身欢快的氛围中。

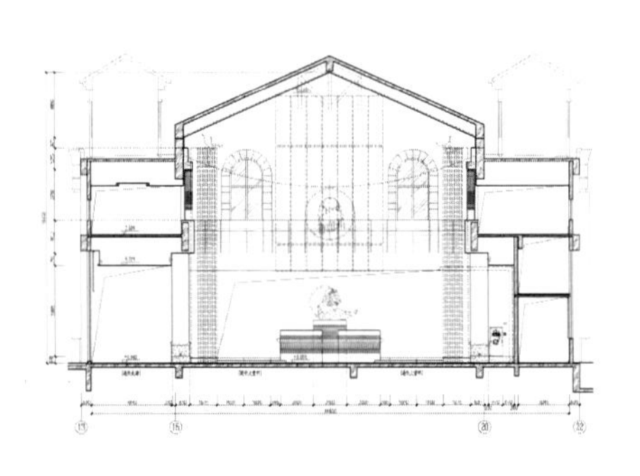

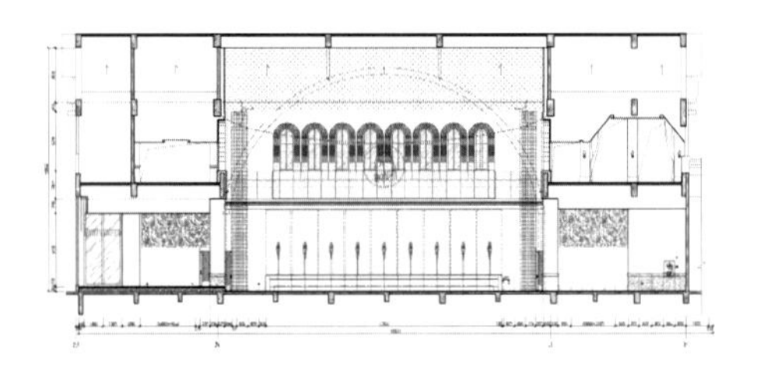

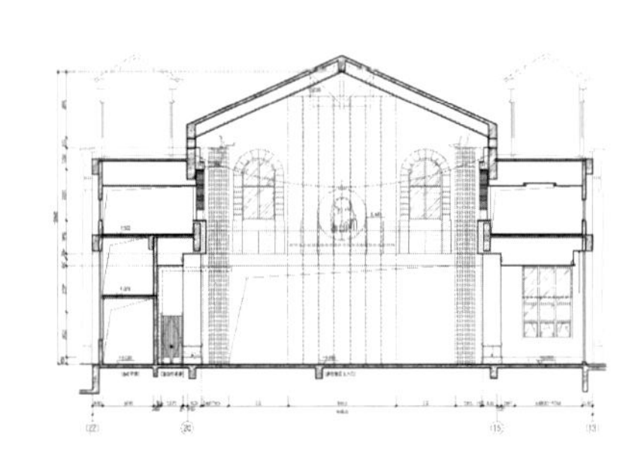

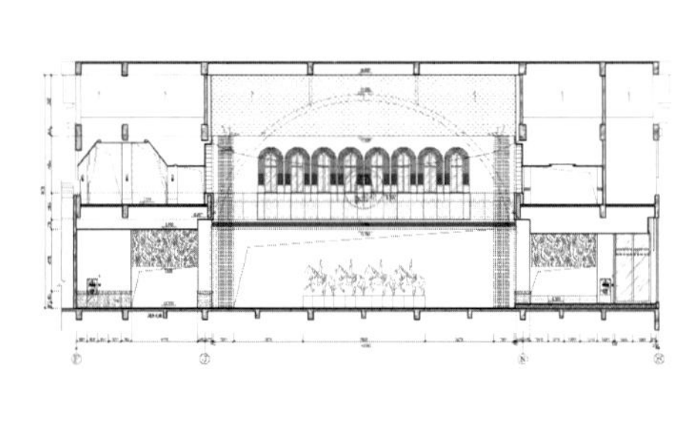

立面图

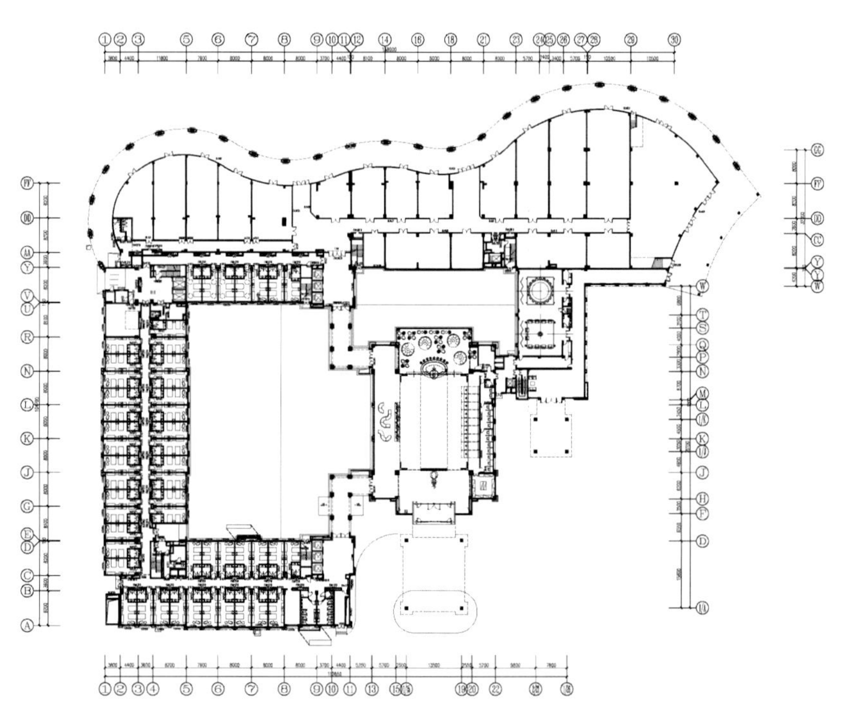

首层总平面图

01 酒店大堂入口处的雕塑

02 酒店大堂呈现出马戏团的剧院效果

03 大堂接待区

04

05

06

07

08

04 大堂与大堂吧以“神奇彩眼”为主题
05 经典的马戏主题点彩画凸显出贵宾接待室“马戏史诗”的主题
06 餐厅入口的小丑
07 全日餐厅缤纷的色彩营造梦幻乐园
08 环形餐厅

3076
3077
09
10
11
12
13

09 客房过道
10 客房局部
11 客房洗浴间
12-13 高空客房区以“浪漫星空”为主题
14-16 主题客房色彩绚丽，趣味不断

Mr & Mrs Bund Restaurant

Mr & Mrs Bund餐厅

项目地点：上海
设计面积：1,300m²
完成时间：2015 年 4 月
设计单位：Kokaistudios
主设计师：Andrea Destefanis、Filippo Gabbiani
摄影师：夏宇

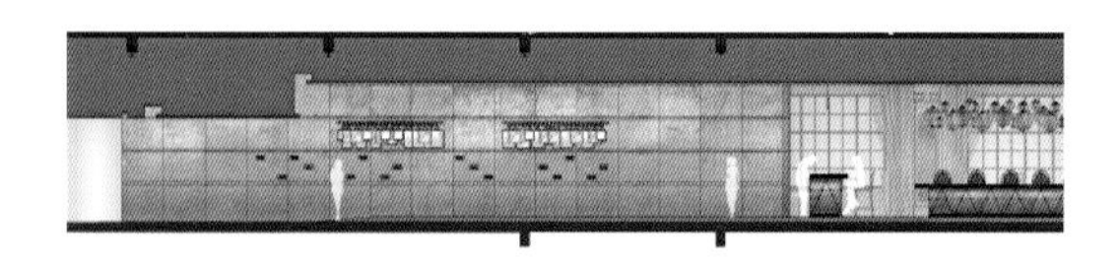

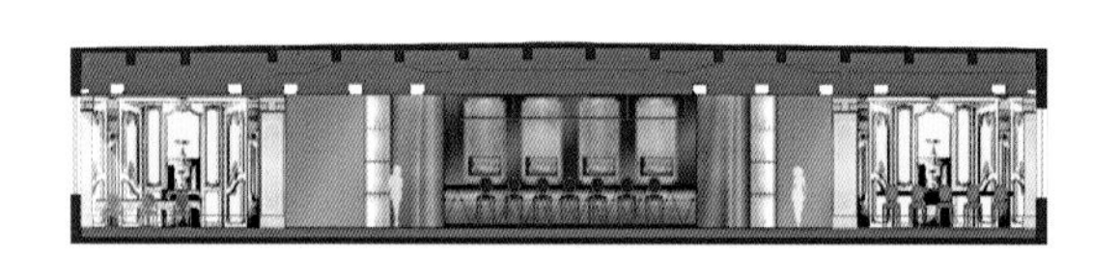

餐厅剖面图

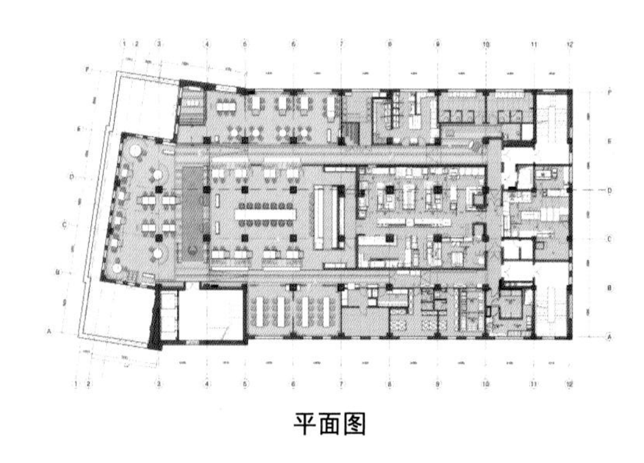

平面图

01 拥有四个高脚餐桌的休息区，来宾能在此享受开胃酒或举办休闲派对
02 餐厅中心位置的宴会桌与身后的吧台自然地成为视线的焦点

Kokaistudios 与名厨 Paul Pairet 合作为亚洲顶尖餐厅 Mr & Mrs Bund 进行了一系列革新性的室内重新设计。餐厅位于由联合国教科文组织授予的文化遗产建筑外滩18号，这座具有标志性且长盛不衰的建筑正是 Kokaistudios 十年前在中国完成的首个改造项目。这个激动人心的项目设计对于设计师来说是机遇和挑战并存。

请简单介绍一下您在设计中坚持的理念。

Kokaistudios：最初 Mr & Mrs Bund 延续了之前租户的设计，随着时间的推移，餐厅的室内设计越来越需要一场变革来适应主厨 Paul Pairet 的个性和烹饪理念。而这种个性和理念则是定位 Mr & Mrs Bund 为休闲放松的用餐场所，不受传统美食的限制与束缚。我们坚持用起源于欧洲设计的精神特质与适用于上海当地环境的创造能力相结合，用室内空间加强了 Mr & Mrs Bund 的品牌特性。

客户对 Mr & Mrs Bund 项目的设计要求是什么？您设计的灵感来自什么？

Kokaistudios：客户要求设计能结合主厨 Paul Pairet 民主而现代的餐饮概念。设计不仅应该抓住客人的视线，也应平衡餐厅的管理和运营。设计的灵感来自法式小酒馆，并为日常饮食文化中注入诙谐感。

设计 Mr & Mrs Bund 项目中遇到哪些困难？如何解决的？

Kokaistudios：每个项目都有其特性和挑战，Mr & Mrs Bund 位于被联合国教科文授予文化遗产建筑的外滩 18 号内，在设计中要考虑这栋历史建筑的各种要求。其次，对厨房的改造也充满挑战：在不扩建的前提下使原先服务 80 人的产能提升至容纳 160 人的需求。新的设计围绕着主厨“食物机器”的概念，将厨房打造成一个理想化的引擎。最后，工期也相对较短。

Mr & Mrs Bund 项目的设计亮点有哪些？

Kokaistudios：Mr & Mrs Bund 是一个让人想要探索，充满小惊喜和邀请人们互动的场所。大量家具和灯具都是定制的。例如灵感来源于 19 世纪的女性塑身衣和衬裙钢架的前台、意大利穆拉诺岛玻璃的标志性枝形吊灯，以及中央长桌上方的闪闪发亮的球状玻璃灯、背面装饰有女性束身衣和马甲的细节的座椅等。另一个亮点是轻松诙谐的感觉和互动性。例如法国经典的细木护壁板形象的墙纸，传统的技艺中加入了视觉陷阱，互动游艺的错觉使墙面更显开放。墙面的装饰创造了强烈的多维度视觉体验。金属厨房墙面区上的“观察窗”的灵感来源于一百多年前在欧洲发明的第一台 3D 影像仪器 Fotoplastikon。其中的两个窗口可用于观看厨房的烹饪过程，另外一个则播放着由大厨精心挑选的与厨艺相关的影像。

对于 Mr & Mrs Bund 项目这样的老建筑改造，您认为需要注意哪些问题？

Kokaistudios：与 MEP 的配合（机械、电气、管道设计），考虑如何给老建筑加入现代化功能的同时符合老建筑的美感。例如在现代建筑中，很多时候空调藏在天花的隔层，而老建筑通常有精美的天花，这样处理显然不合适，如何创造性安置它们是值得思考的问题。在设计这个项目时，我们就请 MEP 每日都到现场来，和我们一起研究和考察。

01

02

请介绍其他一些您的改造项目。

Kokaistudios：我们做过大量建筑改造和修复项目，例如我们设计的外滩 18 号是整个外滩最先进行修复和改造的项目。在设计前，我们做了大量的研究和考察，这个项目考虑了对历史建筑的保护和业主经济利益的平衡，也为后来外滩的很多改造项目提供了参考。除了历史文化建筑外，厂房改造也是我们涉足的重要领域。例如位于上海市中心的尚街 Loft 项目，项目地处上海市徐汇区中心地带，基地总用地 12,780 平方米，总建筑面积达近 40,000 平方米，前身是三枪纺织厂工厂，2006 年改造后成为创意时尚设计中心，这也是上海比较早的厂房改造项目。

03

04

03 具有雕塑感的前台灵感来源于 19 世纪的女性塑身衣和衬裙钢架
04 原建筑中窗户和柱子等元素被保留下来，呈现出灰色的未完成感
05-06 经典的法式图案纹样及典型法式面板材料运用于整个餐厅

05

06

07

08

09

07 木地板采用了不经意的组合和朴素抛光面
08 中央就餐区域
09 在餐厅半包厢就餐可以饱览外滩全貌
10 全新的灯光系统更具戏剧性
11-14 餐厅细节彰显品质
15 座椅沿用了法式经典风格而又有创新

10

11

12

13

14

15

Le Lapin

Le Lapin

项目地点：澳门
完成时间：2015 年 7 月
设计单位：Wilson Associates LLC
主设计师：Dan Kwan
canyu 设计师：Christina Wang
平面设计师：Holland Hames
摄影师：Benoit Florencon

01 别致的兔子先生门把手
02 法式艺术长廊式正中飞翔的蜡烛水晶吊灯特别吸引眼球
03 入口处一面高 16 米的壮观“酒墙”展示了业主价值昂贵的收藏酒
04 三层高的狭窄过道在灯光中如夜空一样闪烁
05-06 菜单与名片的设计
07-08 月亮主题的墙面艺术装饰

整个设计理念从兔年出生的业主 Carson 说起。Carson 是受过 Robouchon 培训的主厨，一直有想要在澳门科学馆内开一间现代法式餐厅的想法。澳门科学馆由享誉全球的著名建筑师贝聿铭设计，圆锥形的建筑独具特色。

受餐厅圆形的形状、业主的生肖和澳门本身特有的中西结合的元素启发，威尔逊设计团队于是想到了两个故事——著名法国作家儒勒·凡尔纳讲述到月球旅行的小说故事；以及中国神话传说中有关玉兔的故事。

中国民间传说兔子与月亮女神为伴，两者之间微妙的关系被融汇到了各个设计元素中，从入口通道到包房甚至洗手间都有所体现。客人们在离店时不仅会提及可口的法式美食，那独特的设计符号与有趣的设计故事更加令人回味无穷。

接着出现了一个主角，一个吉祥物，整个故事的灵感来源，就是兔子先生或“兔子绅士”。兔子先生是一名法国绅士，对酒的喜爱可谓是到了狂热的程度，但性格中带点痞，优雅中又带有一些顽皮。他的形象作为标志，用二十世纪初法国平版印刷将其呈现。整个场所内随处可见他的法语口头禅‘je nous se quais’特别是在一些奢华却又稀奇古怪的饰面和家具上。

从他的同伴兔子小姐，到他的天敌狐狸先生，Le Lapin 到处都是人物角色和小插曲，让人联想到兔子先生的时代以及他当时的生活，不知不觉将自己变成了整个故事的一部分。

就像月亮一样，Le Lapin 的布局也是按照一个正圆展开的。一出电梯看到的是一个法式艺术长廊式的基调，正中一个飞翔的蜡烛水晶吊灯艺术品特别吸引眼球。紧接着看到的是一面壮观的“酒墙”。这面墙有 16 米高，用独特的方式展示了 Carson 的收藏，这些酒的价值超过两百万美元，光是目睹就已经感到惊叹。三层高的狭窄过道和各式 LED/ 光纤星光元素加入到整个月亮设计主题中，就像天上的星星一样闪烁。也是整个场所的灵魂所在。

沿着“酒墙”一路走，便到了休闲酒吧区，整个区域自然而然散发出一种法式的性感。桌子相对较高，地面则使用了深色大理石。吧台本身使用背部打光的缟玛瑙，形似飘浮着的新月。设计团队选择使用大小不一的镜面方框来放置水晶的威士忌酒瓶，作为吧台的背景，既美观，又不阻碍人们观赏澳门的视野。主要用餐区以轻快的金色发光薄纱分隔，是一个典雅、精致的空间，以中性色调为主，可容纳 50 位客人用餐。

品酒室是一个双层挑高的空间，从地板到天花通高的展示墙面上，收藏着各种书籍、艺术品、配饰与红酒冷藏柜。墙面还带有活动暗门与“躲猫猫”似的小窗，可以瞥到包房内的情景，为整个空间加入了一丝趣味。

两个包房的地毯都可谓是一种艺术品，一种以诗歌艺术为灵感而生的艺术品。大包房地毯使用的是儒勒·凡尔纳的 De la Terre à la Lune（从地球到月球），伴有特别定制的热气球，小包房地毯图案使用的是中国诗人苏轼的《水调歌头》。其实，朗读诗歌时所需的角度恰好在潜移默化中将人的目光领到澳门天际线上。非常体贴地让正在朗读的人不知不觉地停下，回忆。设计意图是希望能营造一种真正带有互动的用餐体验，让人们在一顿美食过后，仍对整个空间流连忘返。

Le Lapin 的洗手间也非常有趣，有着像爱丽丝梦游仙境般的感觉，让客人更加深入这个兔子窝。兔子先生和与他配对，相对较腼腆的兔子小姐，成为了门上的标志。洗手间内，龙头直接从镜子里伸出。顽皮的艺术品、壁灯和墙上图案点缀了整个墙面。

03
04
05
06
07
08

09

10

09 休闲酒吧区散发出一种法式的性感
10 吧台使用背部打光的缟玛瑙，形似飘浮着的新月
11 主要用餐区以轻快的金色发光薄纱分隔
12 中性色调的空间典雅、精致

13 双层挑高的品酒室
14 品酒室与包房之间的活动暗门
15-16 包房洗手间有着像爱丽丝梦游仙境般的感觉
17 包房装饰台
18 大包房

17

18

19 小包房地毯上的诗是苏轼的水调歌头
20 小包房局部
21 包房内可饱览澳门迷人的景色
22-23 平面设计师 Holland Hames 亲手在品酒室绘制超大的壁画以及底部金叶的部分
24 兔子先生与兔子小姐卫生间标识
25 公共洗手间内部

Great
Wine
quires a Mad
man
grow the vine, a
Wise Man to
watch over it, Lucid
Poet to make it,
and a
22

FEMMES
24

23

25

Lady Bund Restaurant

贰千金餐厅

项目地点：上海
设计面积：1,200m²
完成时间：2014 年 11 月
设计单位：Dariel Studio
主设计师：Thomas DARIEL
设计团队：Julie Mathias、Andreea Batros, Caroline Magand
项目经理：周懿

项目的建筑是西方建筑形式与东方历史文化完美结合的典范，业主期望能在贰千金内部延续东西统一的精神韵味。

贰千金位于外滩 22 号，主营创意亚洲料理。餐厅所在建筑前身始建于 1906 年，地理位置毗连十六铺码头，是一栋典型的折中主义历史老建筑。

东方语汇元素与西方呈现方式的融合贯穿于整个室内设计中，与贰千金创意亚洲料理的菜品风格一脉相承。为进一步丰富功能空间，内部不着痕迹地营造了两种不同氛围的空间——平日里轻松休闲的餐厅和入夜后私密的酒吧。

入口处的前台区域奠定了餐厅的基调。鱼骨纹木护墙板从地面延伸至天花，将整个空间包裹其中，传递着温暖和欢迎的氛围。简单高雅的金色签到桌带来质感，悬于其中的 WOK Media 陶瓷蛋壳艺术装置暗示着项目的创意性。

圆角吧台区域直奔主题，以传统书法元素来点题。宣纸被裁剪成一条条斜边纸条，从木制吊顶优美地垂落，中间夹杂着木吊灯，配合气场十足的黄铜吧台桌，纵向层面立体丰富。吧台旁侧的墙面上大大小小的木框悬挂着尺寸不一的毛笔，形成了横向的呼应关系。

核心区域保留的拱形窗格带来开阔迷人的外滩江景。偌大的空间主要划分为两部分。中央区域基地被稍稍抬高，用作就餐区，配合边角圆润舒适的桌椅，一幅幅卷轴依次在天花铺开，尽头处巨型数码喷绘作品进行了纵向的衔接。环绕左右的区域为休闲区，方便客人边品酒边赏景，各式各样的折中主义家具点缀其中，呼应了建筑原有的属性，横跨天花的长条汉字设计灯箱和地图地毯使空间氛围更为活跃。

受传统纺织机器的启发，在第二就餐区，设计将细绳索相互穿插扭曲，编出了一张若有若无的丝网，笼罩在整个空间之上。四盏 Maison Dada 的别致吊灯悬于其中。与绳索之虚相对，占据空间尽头的铜管“线条”则将飘忽的视线悄悄收回。

两个主要就餐区各有一间优雅的贵宾室，采用藤织移门隔断，既避免了生硬的衔接，又保持着较好的私密性。

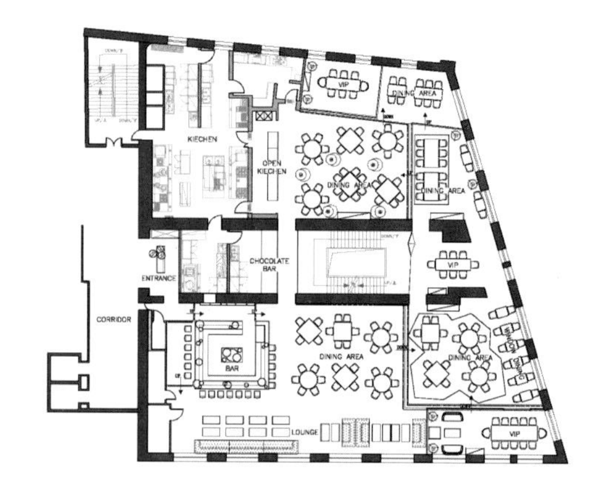

平面图

01-03 极具创意的装置艺术
04 鱼骨纹木护墙板从地面延伸至天花，整个空间传递着温暖和欢迎
05-06 开放式厨房

01

02

03

04 05

06

07

08

09

10

07 吧台区采用了亚洲传统书法元素来点题
08 开敞的就餐区保留的原始拱形窗格，带来开阔迷人的外滩江景
09 一幅幅卷轴依次在天花铺开，自外向内延伸至巨型数码喷绘作品
10 黑、白、红三个经典的色彩的搭配让餐厅兼具复古与时尚感

11 VIP 间在藤门里面，外面临窗为可品酒的休闲区
12 半开放式包厢的过道
13 甜点区
14 承重柱经缠绕形成的半开放式包厢
15 天花上诗意的图案装点餐厅细节
16 第一就餐区

14

15

16

Saboten Japanese restaurant

香港Saboten日式餐厅

项目地点：中国、香港
设计面积：279m²
完成时间：2014 年
设计单位：4N design Architects
主设计师：Sinner Sin & Danny Ng
撰文：Danny

Saboten 是日本有着几十年历史的一个餐厅品牌，它原本是日本一家卖猪扒饭的小餐厅，后来慢慢发展并建立起自己的品牌，在东南亚地区及中国都有分店。

这家日本餐厅的总经理参与了设计，我们设计的方案都需要他认可，才能实施。对于日本餐厅的技术需求和氛围营造，我们都能较好掌控，使它看上去是一家日本餐厅，而主要的设计理念就是绳。绳的设计参考了日本的庙宇设计和传统的建筑设计中的绳元素。绳元素在餐厅中的很多地方都被运用了，餐厅门口采用了很多红色的绳创造出玄关的感觉；餐厅中的 VIP 房的空间也是用很多绳构建起来，没有用实体的墙壁；绳不仅构建了房间的形状，而且还营造出独特的氛围。

做平面设计时，餐厅总经理一直参与，最后的平面图中，线条的运用很简单，都是直线，没有曲线，主要考虑的就是空间功能的需求。还有一点设计要求是工作人员所在空间要采用玻璃，以便看到整个空间的动态。在材料运用方面，主要是木料家具和人造皮革的座位，墙壁采用了一些日本墙面常见的纹理，有玻璃、绳子和砖块。餐厅颜色也比较简单，主要是棕色、灰色、黑色和一点红色。

空间布局方面，直线条运用比较多，餐厅不是很大，但仍被分成三部分，靠窗部分安排的是长座椅，VIP 区域采用的绳子作墙壁，中间较大的空间座椅是靠座。入口在地下层，餐厅位于二楼，玄关处设计了一个代表日本发源的摆设。整个设计的挑战在于运用有限的空间做到功能性的配合，同时把设计概念完全发挥。整体气氛比较文静，设计师特意利用物料、色调及灯光创造出柔和舒适的气氛。

01

01 很多红色的绳创造出玄关的感觉
02-03 餐厅中绳的设计参考了日本的庙宇设计和传统的建筑设计中的绳元素
04 餐厅入口
05 大厅就餐区

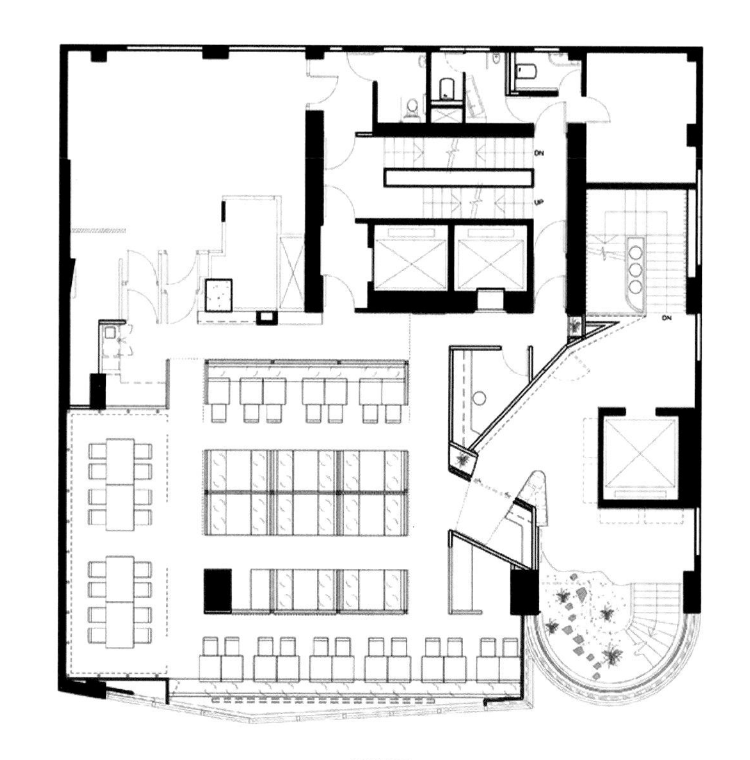

平面图

02

03

04

05

06

07

08

06-08 就餐区的设计质感稳重，细节处的绿色、红色活跃氛围
09 低调简约的卡座区

10

10 绳代替了实体墙壁，构建了房间的形状
11 VIP 房
12-13 绳的编织细节

Pizza Express in MIXC Shenzhen

深圳万象城Pizza Express比萨餐厅

项目地点：深圳
设计面积：400m²
完成时间：2014 年 12 月
设计单位：4N design Architects
主设计师：Sinner Sin & Danny Ng

01

Pizza Express 是一家英国的老品牌比萨店，其品牌历史有四十多年，在香港和上海都有分店，深圳万象城店是业主在华南地区开设的第一家。

该项目的面积只有四百多平方米，位置很好，可以透过窗户，看到外面的风景。设计将整个空间划分为三个区域：第一个是连接主入口的区域，这里设置了一些座位，且空间中很重要的一个设计是有一个开放式的厨房，客人进入餐厅后，在这里看到比萨的制作全过程，会留下深刻的印象。当第一区域坐满后，第二区域才会开放，这里设计了一些靠座，在靠窗一侧还设计了一个水吧。当第二区域坐满后，第三区域会被打开。其实三个区域的氛围是一致的，但布局上各有不同。第三区域既可以作为比萨店内部员工日常培训的场所，也可以提供给客人，作为 party 空间。在第三区域旁边，设计了主厨房和洗手间。

整个比萨餐厅的色调比较偏中性，黑、白和木纹是主要的色调，材料主要使用了木头、金属和玻璃，设计中，我们还加入了橙色来营造餐厅的氛围。整体空间舒适及现代感强烈，色调明快，墙上涂鸦与空间拼合出年青风格。

01 餐厅入口
02 餐厅全景

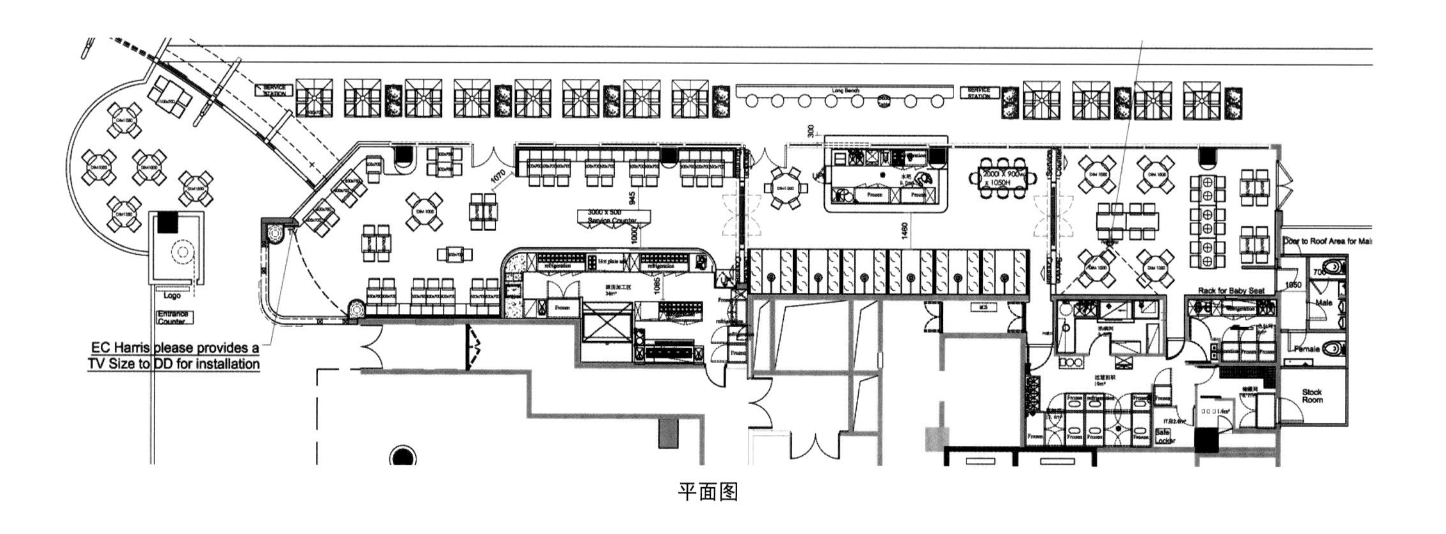

平面图

02

03

04

03 悬挂着的橘黄色通风管道装饰着整个屋顶
04 圆桌、方桌、短长凳及各种欧式家具构成了活泼有趣的公共空间
05-06 餐桌设计造型来自中国象棋
07 美国涂鸦艺术家创作的壁画墙

05

06

07

08 西方女性形态为主题的当代插画呈现出别样的戏剧效果
09-10 餐厅装饰细节
12 巨大的落地窗使整个餐厅具有强烈的通透感

12

Mercato Piccolo

杭州Mercato piccolo西餐厅

项目地点：浙江，杭州
设计面积：270m²
完成时间：2014 年 5 月
设计单位：法国纳索建筑设计 naco architectures
主设计师：方钦正

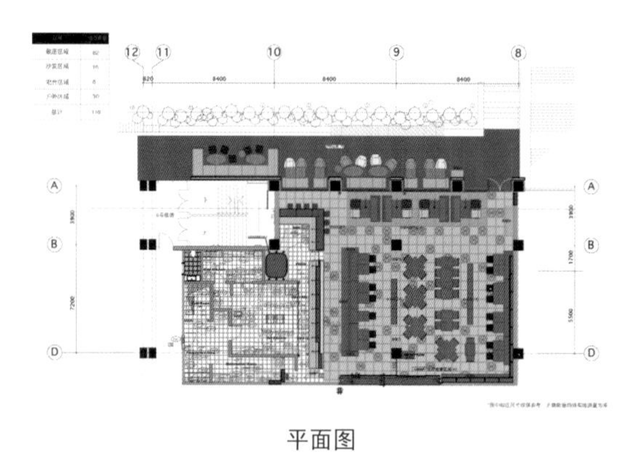
平面图

当工业 4.0 大数据时代的铁骑越来越深入地踏进生活中的每一个角落，当装饰主义的奢华潮水不停敲打这焦躁世界的每一根神经，设计师却用着简约冷峻的传统工业元素，使时间的质感在 Mercato 中日益流露。

黑色的钢质吊柜、独特的木纹水泥模压板比萨炉给整个空间打了一针高剂量的工业之范。出餐口处的台面白天服务于餐厅运营，夜晚则变为供客人喝酒聊天的吧台，透露着设计师低调的小心机。天花轨道上的每一盏射灯都可以水平移动，每颗光源都有他存在的目的意义与价值，立足于自己定位的同时也丰富了整体。绘有剖面图的两面墙则不同于其他空间粗犷的工业原始感，精致的 1：1 手绘图案与其形成了鲜明的对比，越注视它，越觉得里面有我们看不见的篇章正在上演。

简单有序的装饰手法，重复排列的家具，暖色调的灯光，沉稳的素水泥墙面，这一切衬托得整个空间复古又质朴，粗犷且温柔。 餐厅的部分天花和墙面，设计师则回收利用了旧市场里的木地板。有人着迷于它们的纹路，有人醉心于它们的线条，虽没有现代工艺的利落感，却多了一些质朴的趣味。它们有缺陷有瑕疵，它们该被抹平吗？能不能被诚实地保留下来，跟使用者分享它们曾经的过往？设计师将情感铺陈其中，疲惫的味觉及感官被空间内朴素而沉稳的工业质感温柔以待。

01

01 沿街外立面
02 餐厅卡座
03 餐厅全景

02

03

04

05

06

07

08

04 餐厅散座区
05 餐厅散座区
06 开放式厨房备餐区
07 酒水吧台区
08 窗边用餐区

Kaohsiung Tianshuiyue Hotpot

天水玥秘境锅物殿高雄曾子店

项目地点：中国台湾，高雄
设计面积：1,480m²
完成时间：2015 年 1 月
设计单位：周易设计工作室
主设计师：周易
设计团队：陈威辰、陈呈玮、张育诚
摄影师：吕国企

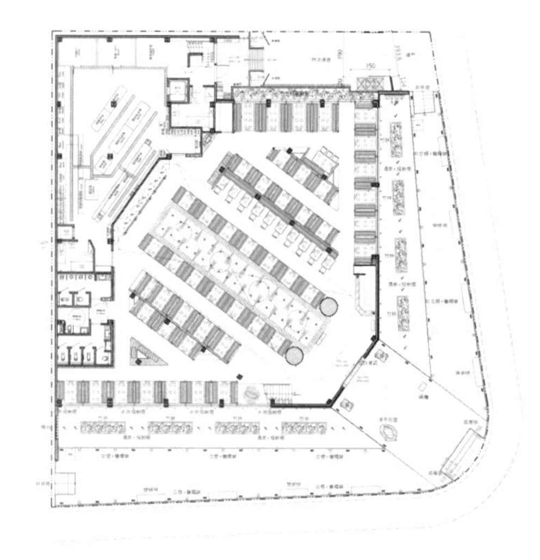
总平面图

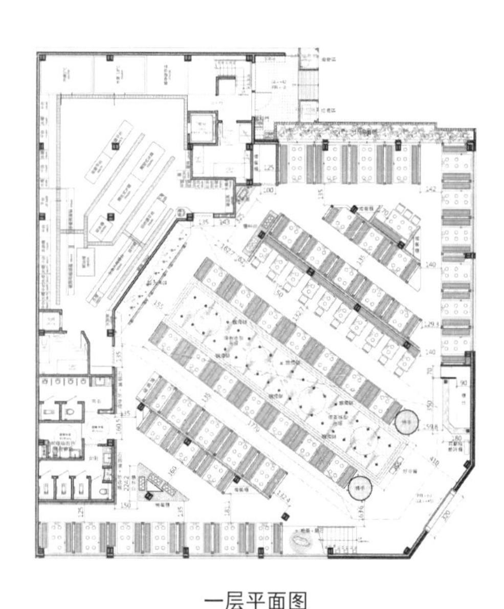
一层平面图

01 高达七米的立体佛头雕塑垂目浅笑
02 巨大的描金佛手擎天而立

本项目设计以佛手、佛头、浮烛和线香等元素调和空间氛围，打造了一个将美味锅物与奇幻谧界相契合的主题空间。

净观：坐落马路一角的灰色建筑宛如城郭般安定质朴，斑驳底色加上两侧开窗，内敛地传递出类似私人会所的概念，建筑正面嵌上发光的铁壳字，上书遒劲飘逸的"天水　"三字，一次打响品牌概念。外观骑楼回廊导入苏州园林的文人浪漫气息，地坪精致的人型拼引导步履，古旧枕木与铁足嵌合的等待椅一字排开，回廊和主建物之间的水景浮岛上精心种植了随风摇曳的翠绿幽竹和山蕨。

擎天：推开镂刻云纹的木雕大门，两侧巨大的描金佛手擎天而立。沿着直行视线向前，尽头处高达七米的立体佛头雕塑垂目浅笑，佛首的下巴处恰好悬浮于迷离水雾之上。佛头与佛手之间，以一座长矩形镜面水景串连，灰阶抿石子砌成的基座两侧内嵌投射灯光，与悬浮于水面的两列玻璃烛灯共构梦幻光影，也和天顶垂挂而下的线香装置相映成趣。

鼓乐：和空间的古朴空灵形成巨大反差，设计以电影场景布局的思维来情境配乐。不同于似有若无的丝竹之乐，而是节奏感明确强烈的鼓乐，热情的旋律里，隐约有种祭典仪式中情绪激昂的感染力。

丰饶：一楼用餐区与中央水景呈平行布局。座椅硬件的设计刻意以黑色调弱化处理，使之成为背景的一部分，单一卡座间以铁制细格栅界定，维持视角的穿透感与宁静美，座椅底部投光以增加光影层次感。

沉潜：空间的挑高也是此案一大优势，顺着仰角视线往上，两侧墙面以旧木排列装饰，诠释老旧但温暖的时间感，木头的肌理在灯光下有一番刀劈斧凿的粗犷感。二楼衔接两侧用餐区的回廊以大量原木剖面贴覆，造型面的高低落差，彰显木头天生的纯朴与香气，地面的线条与墙面的壁灯适度地在奇幻的时空里完成动线引导。

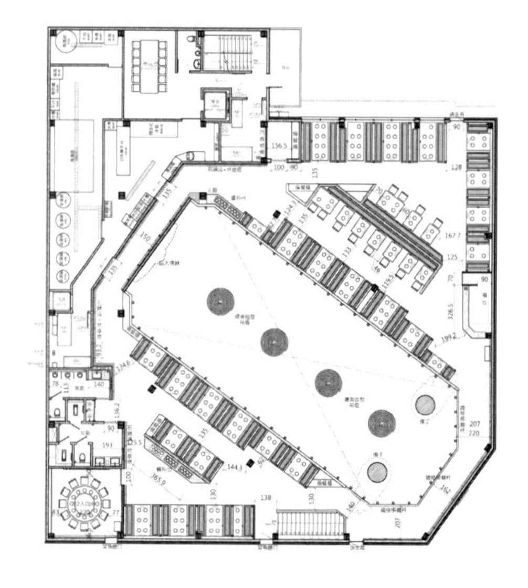
二层平面图

01

02

03

04

03 佛头与佛手之间以一座长矩形镜面水景串连
04 巨大的佛手向上托撑的手势相当摄人
05 一楼用餐区座椅硬件的设计刻意以黑色调弱化处理，使之与古朴空灵背景融为一体

06

07

06 餐厅入口处
07 灰阶建筑宛如城郭般安定质朴
08 座椅底部投光以增加光影层次
09 室内竹子增加了空间的意境和生机
10 回廊和主建物之间的水景浮岛上，精心种植随风摇曳的翠绿幽竹和山蕨

Hai Di Lao Hot Pot Restaurant

海底捞火锅餐厅

项目地点：安徽、合肥
设计面积：960m²
完成时间：2015 年 2 月
设计单位：艾获尔室内设计
主设计师：胡俊峰、成志
摄影师：张静
主要用材：青石板、回收旧木、铁锈板、耐候钢、钛合金板、黑 色哑光砖

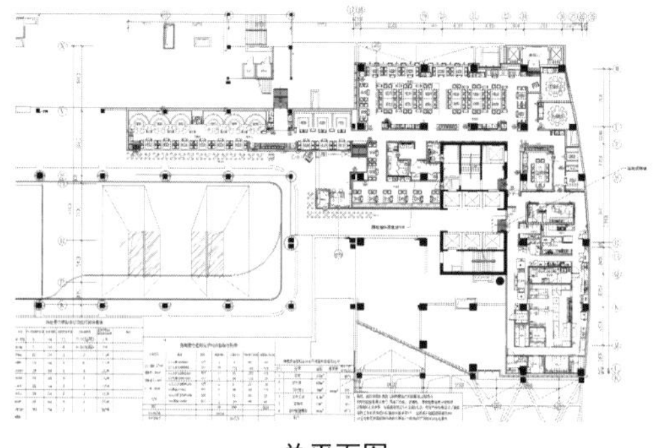
总平面图

现代商业的竞争除了产品和服务本身以外，越来越依赖于室内环境设计的独特与新颖，当眼花缭乱的“风格”呈现在各类餐饮空间的时候，我们在冷静思考什么样气质的空间是和这个品牌相匹配的，怎样的设计能真正打动内心。

位于合肥银泰中心八楼的海底捞火锅餐厅，正是设计师通过很深刻思考和过滤掉很多流行元素，而又完美结合了品牌核心文化，呈现出了一个独特气质的新餐饮形象。

海底捞作为国内火锅餐厅的巨头，其服务和出品有着极好的口碑，功能设备设计有着十分完备的体系。本案在有约束的功能体系中，寻求了设计与实用的完美平衡。在设计语言上，设计师提炼了海底捞火锅发源地——四川民居的一些建筑元素，大面积不规则排列的青石板，随机显现的铁锈板，钛金吊顶不规则的孔洞，部分斑驳怀旧的回收旧木墙壁，中式图案的铁板屏风，隐隐约约让人感受到原始民居的轮廓，用现代工业的手法，朴素的表达着人们的思乡情怀。用中国画里的不同颜色，做成的统一样式的椅子，让空间更加丰富和生动起来，点缀于功能设备柜顶部的景德镇抽象书法白瓷，墙壁局部工业感壁灯下的戏剧服饰和脸谱的装饰画，也在诉说中国文化的魅力，让空间顿时有了一股淡雅的中国风味。

设计师在空间布局上，可谓费尽心机，既要满足海底捞参数化的功能设备柜体系，又要实现最大化的座位率，在矛盾和约束中突破重重障碍，最终获得比较理想的空间布局。整体空间被划分为七大区域，因原建筑形状的缺陷，就餐区非常零散，设计师巧妙的规划出一条较宽的直线主通道，将餐厅最长的两二端进行连接，并顺势将散落在各个区域的小空间有效的串联起来，并能直达厨房，形成了客人和服务人员的主要路线，极限长度的通道也成为一个装饰特色，各分散小区也正好能满足不同人群的需求，有效避免了大场景餐厅的喧闹。低矮的层高，让现场非常压抑，设计师采用了大部分裸露的天花，结合局部钛金板的造型吊顶，粗犷的工业风中，精致的金属反射材质，形成有趣的空间的对比，精细的收口处理，和精准的灯光照明，用现代工业感的手法，结合抽象的中式元素，让空间做到了朴素、简单、大方、而又有文化特色。

01

02

03

04

01 墙壁局部工业感壁灯下的戏剧服饰和脸谱的装饰画，在诉说中国文化的魅力
02 入口处大面积不规则排列的青石板来自四川民居的建筑元素
03 入口吧台
04 用国画里的不同颜色做成的统一样式的椅子，让空间更加丰富和生动

05

06

07

08

05 一条较宽的直线主通道，将餐厅各个区域的小空间有效的串连起来
06 中式图案的铁板屏风，隐隐约约让人感受到当地原住民居的轮廓
07-08 钛金板的造型吊顶与斑驳怀旧的回收旧木墙壁形成有趣的空间的对比

09

10

09 包房过道
10 包房内用现代工业感的手法，结合抽象的中式元素，让空间做到了朴素、简单、大方
11 墙上的抽象装饰画体现轻松感
12 绿色小盆栽给空间带来生机
13-14 卫生间

11

12

13 14

Dongfang Rouguan Grill

东方肉馆烧烤坊

项目地点：吉林，长春
设计面积：580m²
完成时间：2015年2月
设计单位：吉林省艺高空间艺术工程有限责任公司
主设计师：李文

该项目是东方肉馆的分店，以烧烤为主，配有中餐的休闲餐厅。本店空间主要分为三部分，地下室为厨房区，一层为散台区，二层为包房区。设计师采用最为常见的普通红砖为主材，用窑拱造型语言划分出了层层变化的窑拱空间布局。

步入前厅，迎面是微笑的陶俑，还有一排排用酒坛子切割而成的水吧台，以及后背的藏酒墙。用灰瓦和灯泡组合构成的倒挂"四水归堂"的天井，更是给宾客带来了新的视觉体验。来到散台区，映入眼前的是漫天飞舞的白鸽从鸽子窝中飞出，贯穿在整个餐厅空间里。穿过红砖砌成的大窑拱套小窑拱、小窑拱串着大窑拱的多层次变化空间，用灰瓦构成的倒挂大屋脊传达给宾客仿佛在天上的错觉。此外，采用日常各类炊具组合而成餐吊灯，更是给宾客带来别样的亲和力，营造了一个充满休闲趣味的就餐空间。

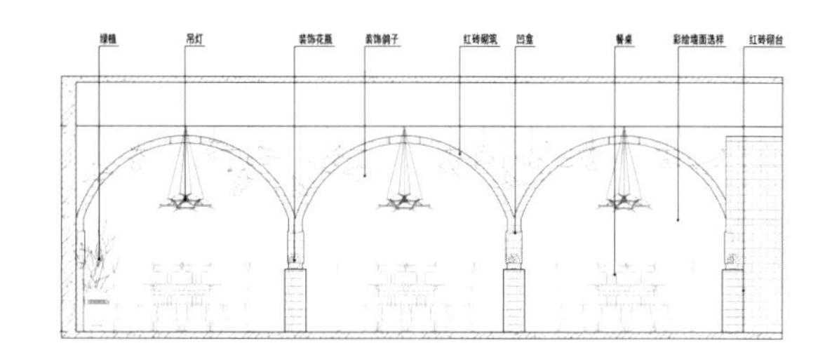
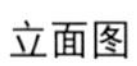

立面图

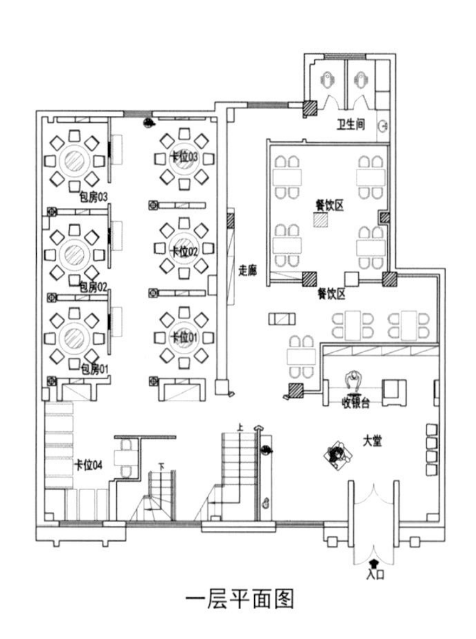

一层平面图

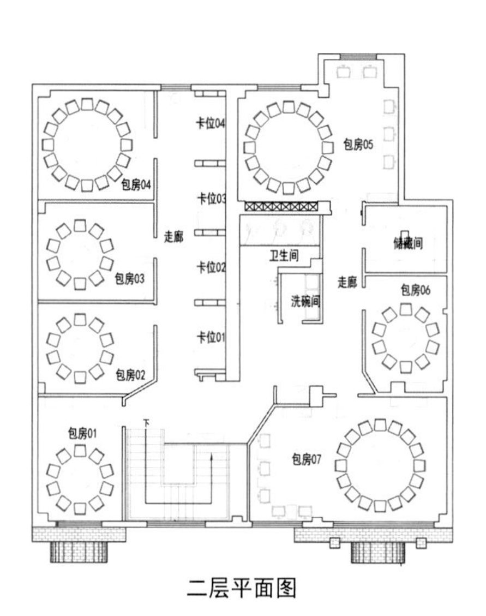

二层平面图

01

02

01 前厅迎面微笑的陶俑给宾客带来亲和感
02 普通红砖为主材的窑拱造型隔墙划分出了多元变化的大小空间

03
04
05
06

03-04 漫天飞舞的白鸽从鸽子窝中飞出，贯穿在整个散座区的空间里
05 采用日常各类炊具组合而成吊灯，营造了一个休闲的就餐空间
06 大窑拱套小窑拱、小窑拱串着大窑拱的多层次变化空间
07 温馨舒适的就餐环境
08 玄关处的复古家具
09 过道

Chao Restaurant

潮小厨

项目地点：辽宁、沈阳
设计面积：700m²
完成时间：2014 年 10 月
设计单位：沈阳大展装饰设计顾问有限公司
主设计师：孙志刚、袁纬一、杨帅

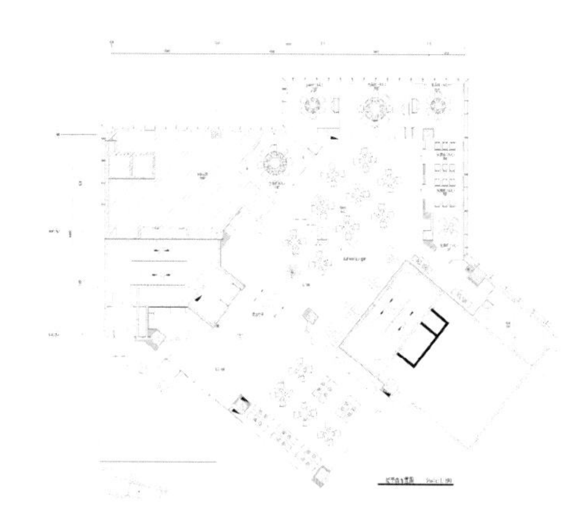

潮者，时尚范儿、海派、混搭；小者，可观、可赏，如手卷之隽雅可玩；厨者，食也、色也、性也。

调子起得太高，解不得俗情，太低，又入不了法眼。雅俗之间，触手成春。紧握，不着一物，放手处可见惊鸿一瞥。市井俚俗，皆可行文入画，但以真心为要。明代思想家卓吾谓之"童心"，公安派标举"性灵"，谈诗论词，不可太过计较。文字，凌乱了才美。风情，解得了便不再诱人。

01-02 玫红色与散落的饰品诠释时尚与怀旧的氛围
03 入口的场景闲散丰富

03

04-05 混搭的手法渲染轻松的氛围
06 旗袍美女屏风，穿插鸟笼是空间的亮点
07 墙面构图的留白效果很美
08 包房局部效果

06

07

08

Lava Barbecue Restaurant

岩烧火山石烧烤专营店

项目地点：辽宁、沈阳
设计面积：700m²
完成时间：2015 年 6 月
设计单位：大展装饰设计顾问有限公司
主设计师：孙志刚、王强、鄢明

“自然、有趣、温暖”是本案的整体格调，本案为烧烤专营店，设计布局上要求横平竖直，设计风格为日韩风。

设计在比较规矩的空间布局中尽可能地发掘有趣的元素，比如绿植球、木棒与耐火砖的结合，通过这些在规律中加入些许变化，活跃了空间氛围。

在兼顾空间布局规整的同时，设计通过实体隔断与金属架构隔断的运用，不但分割了空间，还保证了空间的视觉通透性。

外墙上从室内蔓延到室外的耐火砖与木棒的组合得到了充分的运用，通过“繁复”的组合，在光影的配合下出现了丰富的韵律变化。小橱窗的布置是设计师灵机一动的想法，万绿丛中一点“粉”，粉犀牛体量的点缀恰到好处。客人在一个热火朝天的烧烤氛围里享受美食的同时，也能感受到一个有趣、丰富的空间。

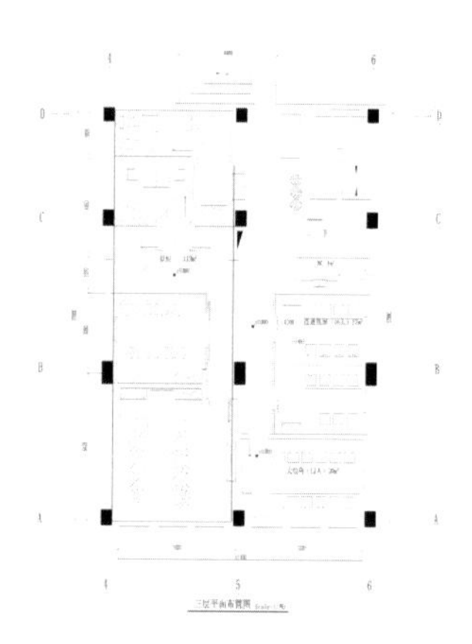

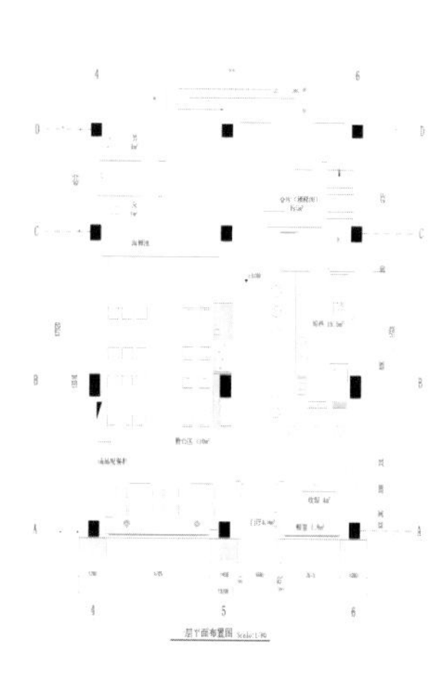

01

02

03

01 入口处小橱窗的粉犀牛是亮点
02 -03 展示新鲜蔬果食材的吊船活跃了空间氛围

04

SHOULDER AND SPARE RIB
LOIN
BELLY
RIBS
LEG
SHANK
SIRLOIN
BRISKET
BREAST

05

06

07

08

09

04 餐厅墙面与隔断随处可发现好玩的趣味设计
05 后现代感的墙面涂鸦
06 金属网格作为隔断，分割空间的同时，还保证了空间整体的视觉通透性
07-09 包房及细节

Dongguan Rambling Hotdog Western Restaurant

东莞漫话热狗西餐厅

项目地点：广东、东莞
设计面积：280m²
完成时间：2015 年 6 月
设计单位：超级番茄设计顾问有限公司
摄影师：罗湘林

本案设计灵感取自欧洲街头，西方贵族生活，浪漫、休闲、富有情调，爱艺术艺术家们挥洒着自己激情，为城市增添了浓厚生动的艺术气息。

达·芬奇艺术的绘画、米开朗琪罗的雕塑，西方的古典建筑的宏伟、对称、序列及惊人建筑细节，铁艺的匠人的对艺术的执着，都呈现出一对生活热爱对艺术追求。欧洲的街头艺术景象已经成为我们大脑中的美好记忆。为餐厅注入些新视觉体验，艺术、休闲、浪漫已经成为餐厅的气质。

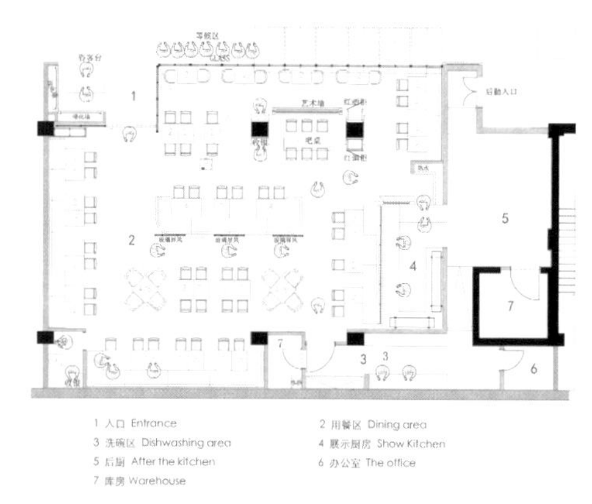

平面图

01-02 装饰细节
03 餐厅设计灵感来自欧洲街头
04 西方的古典建筑的对称、序列等元素这里得到延续
05 墙面上时尚感十足的彩绘让空间洋溢的浪漫与热情

01

02

03

湘辣头条
TOP CHILI NEWS
STOCK SHORTAGE
FUEL STOCKS
SAUTEED PORK
STOCKS
03

04

湘辣头条
Sustainable
STOCK SHORTAGE
FUEL STOCKS
CHILI FEAST
TOFU
PEPPER
Long-term
china xiang food

05

06

07

05-07 绿色小盆栽和玻璃罐装的调味料，营造出时尚·轻松·愉快的用餐环境
08-10 明亮光线，墙面及天花大面积的白色运用，让就餐环境干净而素雅

湘辣头条
TOP CHILI NEWS
DRIED TOFU
08

09

TOP CHILI NEWS
湘辣头条
Fuel
STOCKS
DRIED TOFU
10

Yuwei Sichuan-style Restaurant

渔味川香餐厅

项目地点：北京
设计面积：570m²
完成时间：2015 年
设计单位：北京屋里门外（INX）设计有限公司
主设计师：吴为
参与设计：范卿、海欧
摄影师：司成毅
主要用材：灰麻、青石板、橡木饰面板、青砖、金属、玻璃丝网印刷

在四川丰饶淳朴的资中县里，古老的渔溪镇因盛产肥美鲜嫩的淡水鱼而闻名遐迩。淡水鱼肉质香滑细腻，与川菜的麻辣融合得恰到好处，形成了味道独特、余韵悠长的川香“鱼味”。

早在 1982 年的时候，“渔味川香”就已经在渔溪镇创立，面对这样一个有着悠远历史的餐厅，设计师为了使其更加展现出传统的魅力以及对现代生活的融合，将空间重新规划与布局，打造了一个集情调、传统、健康为一体的餐饮空间。

从进入餐厅开始，映入眼帘的便是舒适的等候区，设计师在此区域特意设计了水景，一方面强调了餐厅的“鱼文化”，另一方面也让空间变得更加灵动。经过楼梯进入二层，就餐区便在眼前铺陈开，设计师在此空间特意运用了“小区域”配合点光源的设计概念，以此营造一种私密、幽静、浪漫的就餐氛围。而其中家具设计和餐位摆放也更加人性化，可随时根据就餐人数进行转变，满足了不同消费者的需求。

餐厅整体以中国红为主色调，这种略微发暗的颜色本身就带有一种历史的怀旧感，而设计师大面积的使用无疑是为空间带来了一股悠久、传统的文化气息，这也正与餐厅的历史相吻合。另外，由于“渔味川香”来自四川，此地多产竹，加之为了契合主题，餐厅中被设计师有意安排了很多自然元素：形似装鱼的竹篓饰物与灯具、芦苇席制成的软隔断、渔民帽、渔船、船桨、棉麻布艺……这一切都透露出一种粗犷、质朴之感。

这个面积约为 570 平方米的空间布局紧凑，设计师的独具匠心让其不产生任何憋闷，反而营造出亲密之感。包间的青砖墙面被刻意留出了许多孔洞，丝网印刷的玻璃山水画也有意无意的透着光亮，芦苇席隔断更是不会阻隔空气流通，这些有意的安排让整个空间瞬间充满了灵动之气，变得鲜活起来。在这样一个既有质朴乡情，又有浪漫情愫的空间中吃鱼、品味，无疑是一种放松身心的享受。

01

01 舒适的等候区
02 等候区特意设计的水景，一方面强调了餐厅的“鱼文化”，另一方面也让空间变得更加灵动
03 二楼就餐区略微发暗红色的墙面色彩本身就带有一种历史怀旧感
04-06 餐厅中有意安排了很多自然元素透露出一种粗犷、质朴之感

总平面图

02

03

04

05

06

07

08

09

10

07 丝网印刷的玻璃山水画也有意无意地透着光亮
08 芦苇席隔断不会阻隔空气流通
09 细节处展现出餐厅私密、幽静、浪漫的就餐氛围
10 既有质朴乡情，又有浪漫情愫的空间
11-12 休闲放松的就餐氛围

11
12
13

Pepper Meets Chilli

花椒遇见辣椒

项目地点：深圳
设计面积：321m²
完成时间：2014 年 12 月
设计单位：深圳市艺鼎装饰设计有限公司
主设计师：王锟
主要用材：旧木板、旧砖墙、花砖、钢板

起源于明末清初的重庆火锅尤为称颂，那一口刺激味蕾的麻辣，以每秒五十次的频率产生轻微刺痛，触发神经的口感，犹如醍醐的醒脑感受，瞬间充斥神经而带来无尽的想象。若以人情世故来看食材的相逢，有的是令人心生羡慕的天作之合，有的是令人欲说还休的邂逅偶遇，有的是令人扼腕击节的相见恨晚。人类活动促成了食物的相聚，食物的离合，也在调动着人类的聚散，西方人称作“命运”，中国人叫它“缘分”。

缘分：那一世，你为古刹，我为青灯；那一世，你为青石，我为月牙；那一世，你为强人，我为骏马。走过闹市，穿过街道，在茫茫人海中，就这样，静静地望向你，一眼就喜欢，如旧相识般亲切，一眼就爱上，这就是缘分。

为了让作品呈现出重庆火锅因历史文化而沉淀出的古朴自然的美感，设计师采用能渗透出时代气息的旧砖瓦，雕刻着岁久丹青的屏风，打造出富有韵味、结构完美的餐厅空间。

相遇：沈从文在《湘行散记》里曾经说：我行过许多地方的桥，看过许多次数的云，喝过许多种类的酒，却只爱过一个正当最好年龄的人。在人口稠密的大城市里，每天都有数以万计的人在上演着相遇的戏码。如果用重庆火锅来看城市里人与人的相逢，就好似洒落一把花椒和辣椒，任其自由碰撞、弹走离合。

因定位人群在 80、90 后，本案以“相遇”为主题，在兼顾了中式元素基础之上，让传统和时尚碰撞出了激烈火花。平面布局上，开阔的敞口设计和便捷的传菜通道，化解了餐厅的人流压力，加之唯美的主题渲染，使得空间气质和品位得到进一步升华。

平面过道尺寸既满足了人们渴求交往相遇的心理需求，又保有一定的人际距离。皮影窗花的色彩、形态与光照相互呼应，惟妙惟肖。从天花悬挂下来造型独特的老木吊灯，吸引了人们的眼球，让人想一探究竟。

回望：有人说缘分就是一蔬一饭的陪伴，历经俗世熬煮的我们，在历史的长河中，以主角的身份切身感受着生活的喜悦和感伤，亲情、友情、爱情，你我偶拾缘分的种子，便在这白驹过隙的浮靡艳世，结了一次相遇，从此便心生藤蔓，兜兜转转、依依绕绕。

悟相：迷失的人迷失了，相逢的人会再相逢。你，和谁，一眼就微妙了，真的很难说，文人言：“世间所有相遇都是久别重逢”。食物和人心，味与情，此刻正为缘分而相遇。这一相遇，在心底里就放不下了……

01

02

01 入口处的小景观造型
02 餐厅外橱窗
03-06 皮影窗花的色彩、形态与光照相互呼应，惟妙惟肖

03

04

06

05

07

09

10

08

11

12

13

14

07 吧台区
08 从天花悬挂下来造型独特的老木吊灯，吸引了人们的眼球
09 餐厅细节
10 餐厅灯光
11-13 能渗透出时代气息的旧砖瓦墙沉淀出的古朴自然的美感
14 整个空间洋溢着浓浓的川味文化

Seven Eighty Nine Handmade Noodle Bar

7捌9手工面吧

项目地点：吉林，白城
建筑面积：238m²
完成时间：2015年3月
设计单位：哈尔滨唯美源装饰设计有限公司
主设计师：辛明雨
撰文：辛明雨

上世纪八九十年代是我成长的年代，那个时候没有iPad、没有网上购物、没有低头族，生活没有现在丰富多彩，可那时生活简单，过得开心。当下这个时代，各种高科技横空出世，为我们的生活增添了很多物质上的享受，可我们很多时候生活得并不快乐。

奔波的生活早已使我们忘记了什么是无忧无虑，每天穿行在车水马龙的城市，习惯了信息时代的快速节奏，计划着明天的明天怎么过。当卸下疲惫时，不禁感叹，简单的生活多么美好。

每个人都经历过童年，那是一段无忧无虑、充满好奇的美好时光，妈妈的红双喜皮箱里到底藏了什么宝贝，爸爸的燕舞收音机总是能放出美妙的音乐，我的单线的遥控汽车总是带着我奔向幻想的世界，还有那二八自行车，铁圈，陀螺，炮子枪，经常有“雪花大战”的黑白电视机……随着时间的流逝，曾经的童年生活如今已成为经典的回忆。

童年的记忆是母亲黄昏时的呼唤：“回家吃饭喇”，疯玩了一天的我像脱缰的小马一样飞奔到家，院子里早已弥漫着饭菜的香气，来不及擦干净身上的泥土，直奔到厨房，一家人围坐在桌边，灯光下是满满的欢笑声。

童年的记忆是父亲带着我去磨面粉，麦子经过磨面机后细细的面粉缓缓而出，回到家后母亲开始熟练地操作，准备着我期待的“大餐”，那便是美味的手擀面，面香从唇齿滑过心间，浓浓的全是爱。没有高贵的食材，也没有高超的技艺，可童年的味道至今难以忘怀，想来这就是“家的味道”。

01

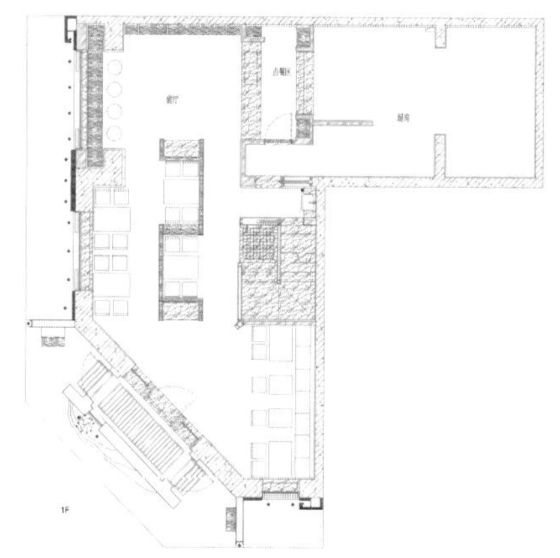

一层平面图

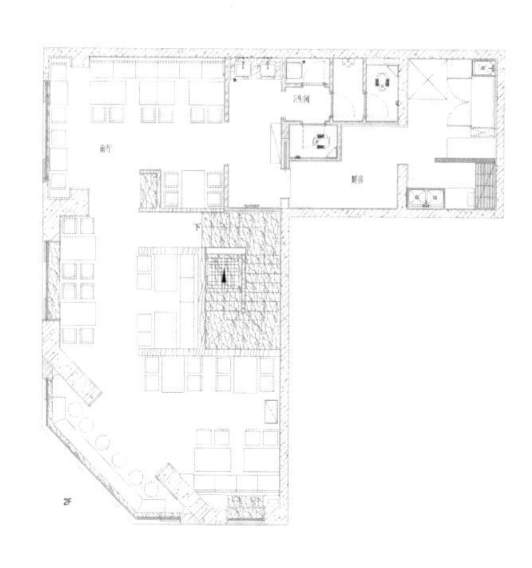

二层平面图

02

01 餐厅建筑外景
02 “追忆时光的味道”
03-04 缝纫机、邮筒、算盘这些旧物件都在追忆一去不复返的童年

03 04

05

06

07 08

06-07 天花、隔断运用了运用大面积回收的旧木材，打造出餐厅怀旧风情
08 水泥墙上怀旧的壁画
09-11 餐厅给人家的温馨感

Leijie Tea House

合肥罍街茶馆

项目地点：安徽、合肥
设计面积：1,200m²
完成时间：2015 年 7 月
设计单位：合肥许建国建筑室内装饰设计有限公司
主设计师：许建国
设计团队：陈涛、刘丹
摄影师：金啸文
主要用材：麦秸秆板、生态木、素清水泥

大碗茶，八仙桌，长衫脸谱似梦中；徽州情，民国风，咿呀一曲唱人生。徽剧庐剧黄梅戏，茶香相伴听不足。罍街茶馆融入徽派设计元素，探寻室内空间的意境之美，在这个基础之上，附以民族文脉的有效传达从而创造出极具特色的茶馆空间环境。

罍街茶馆是现代徽派的设计风格。在空间中运用了柱子、花格、砖雕等徽派元素兼具了丰富的文化内涵，营造着含蓄而又充满变化、民族意味浓厚的室内空间环境。室内竹子和活字印刷的壁纸相结合，楼梯镂空的钢板随着光的变化投射出片片竹影。同时，还运用戏曲人物的手绘壁纸来还原戏曲文化。质朴的原木凳前搭配大红花鼓，门厅上一排排京剧脸谱营造出浓厚的民族传统文化氛围，但在整体空间的设计手法上又不失现代感。

茶馆共分上下两层，上层呈喇叭形，下层看台分为 3 个层次避免观众视线被前面遮挡。一层巧妙地把建筑原来的钢柱变成木柱。室内的墙面采用麦秸秆吸音板。剧场内，从舞台上可以看到对面墙上的同光十三绝得的壁画。台上的表演者在进行演出时可以通过栩栩如生的壁画感受到老一辈戏曲名家的激励。二层包厢的发光字和光影结合。二楼的楼梯如云梯一般，配以现代设计灯具。贵宾室中设计师把传统的花格进行重新分割，效果令人耳目一新。

在整体空间设计中设计师秉持初衷，展现出现代与传统结合的设计理念。

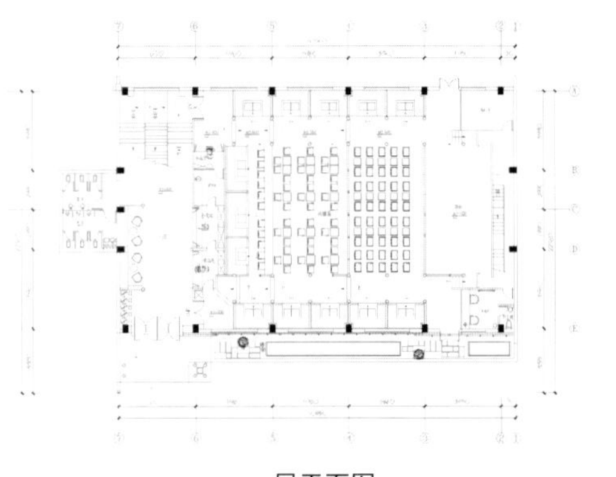

一层平面图

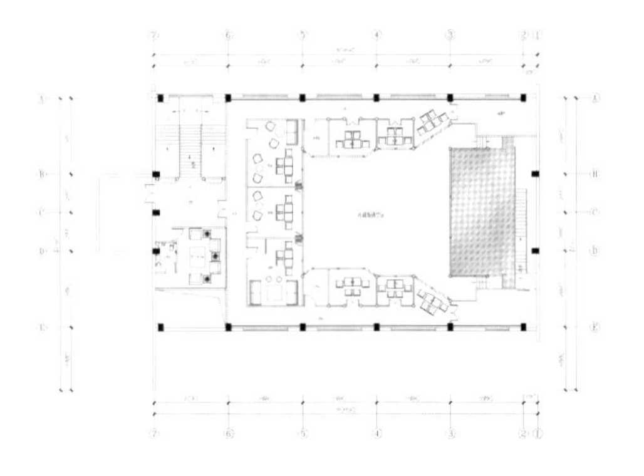

二层平面图

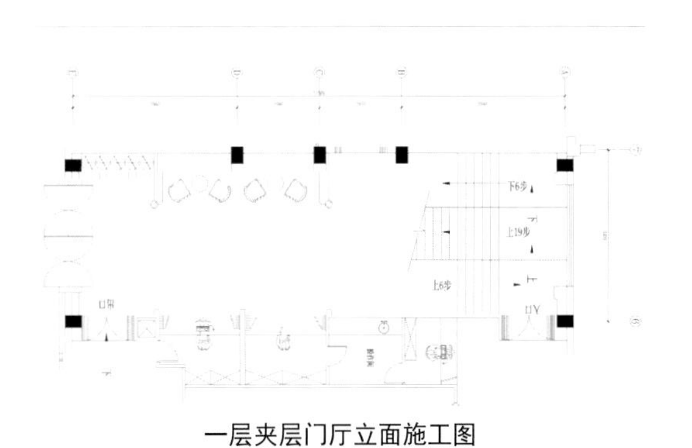

一层夹层门厅立面施工图

01 楼梯的镂空的钢板随着光的变化投射出片片竹影
02 前厅质朴的原木凳搭配大红花鼓，戏曲人物的手绘壁纸都来源于戏曲文化
03 设计师巧妙地把建筑原来的钢柱变成木柱

01

02

03

04

05

06

07

04 一层剧场
05 从剧场舞台上可以看到对面的墙上的同光十三绝得的壁画
06 柱子、花格、砖雕等徽派元素丰富空间的文化内涵
07 楼梯的镂空的钢板随着光的变化投射出片片竹影

08 二层如云梯一般的楼梯采用了现代设计灯具
09 徽派设计元素的现代手法运用
10 二层包厢的发光字和光影相结合
11 包厢里有很好的舞台视角

10

11

Tea House in Hutong

胡同茶舍

项目地址：北京
设计面积：约 450m²
完成时间：2015 年 1 月
设计单位：建筑营设计工作室（ARCHSTUDIO）
设计团队：韩文强、丛晓、赵阳
主要用材：超白热弯玻璃、实木、钢、水泥漆
摄影师：王宁

项目位于北京旧城胡同街区内，用地是一个占地面积约450平方米的“L”型小院。院内包含5座旧房子和几处彩钢板的临建。院子原本是某企业会所，后因经营不善而荒废。在搁置了相当一段时间之后，小院现在被改造为茶舍，以供人饮茶阅读为主，也可以接待部分散客就餐。

整理和分析现存旧建筑是设计的开始。北侧正房相对完整，从木结构和灰砖尺寸上判断，应该至少是清代遗存；东西厢房木结构已基本腐坏，用砖墙承重，应该是七八十年代后期改建的；南房木结构是老的，屋顶结构是用旧建筑拆下来的木头后期修缮的，墙面与瓦顶都由前任业主改造过。根据房屋的年代和使用价值，设计采取选择性的修复方式，北房以保持历史原貌为主，仅对破损严重的地方做局部修补，替换残缺的砖块；南方局部翻新，拆除外墙和屋顶装饰，恢复到民居的基本样式；东西厢房翻建，拆除后按照传统建造工艺恢复成木结构坡屋顶建筑；拆除所有临建房，还原院与房的肌理关系。

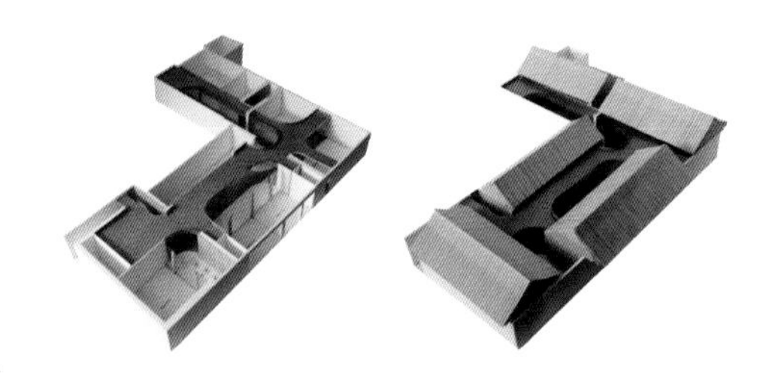

旧有的建筑格局难以满足当代环境的舒适性要求，新的建筑必须能够完全封闭以抵御外部的寒冷。为此，我把建筑中的流线视觉化，转化为“廊”的形式，在旧有建筑的屋檐下加入一个扁平的“曲廊”将分散的建筑合为一体，创造新旧交替、内外穿越的环境感受。在传统建筑中，廊是一种半内半外的空间形式，它的曲折多变、高低错落，大大增加了游园的乐趣。犹如树枝分岔的曲廊从室外伸展到旧建筑内部，模糊了院与房的边界，改变院子呆板狭窄的印象。轻盈、透明、纯白的廊空间与厚重、沧桑、灰暗的旧建筑形成气质上的反差，新的更新、老的更老，拉开时间上的层叠，新与旧相互产生对话。曲廊在原有院子中划分了三个错落的弧形小院，使每一个茶室有独立的室外景致，在公共和私密之间产生过渡。曲廊的玻璃幕墙好似一个悬浮地面之上的弧形屏幕，将竹林景观和旧建筑形式投射到茶室之中，新与旧的影像相互叠加。曲廊同时具有旧建筑的结构作用，廊的钢结构梁柱替换了局部旧建筑中腐朽的木材，使新与旧“长”在了一起。

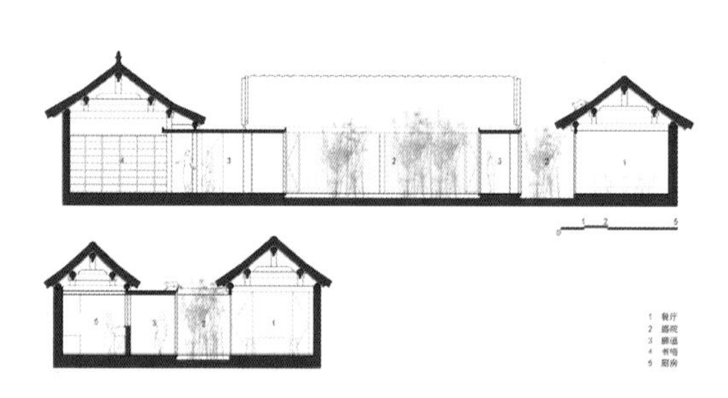

旧城既包含着丰富的历史记忆，又包含着复杂的现实生活。历史建筑只有在不断地被使用中才能保持活力，而使用方式反过来又不断改变建筑。当代旧城民居改造需要在历史价值与使用价值之间保持适当的平衡，灵活处理两者之间的关系能够演化出丰富的现实环境。

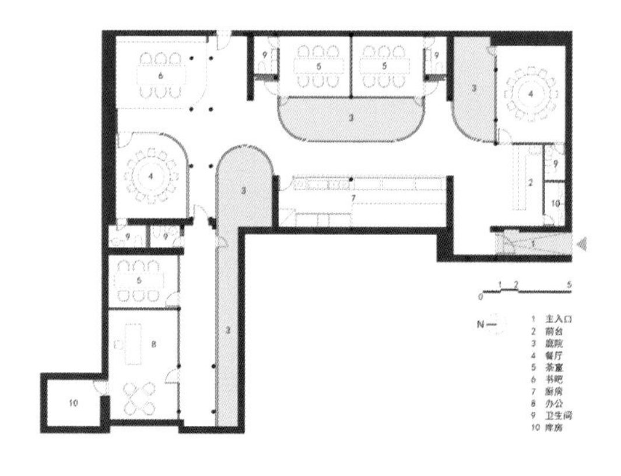

01

02

03

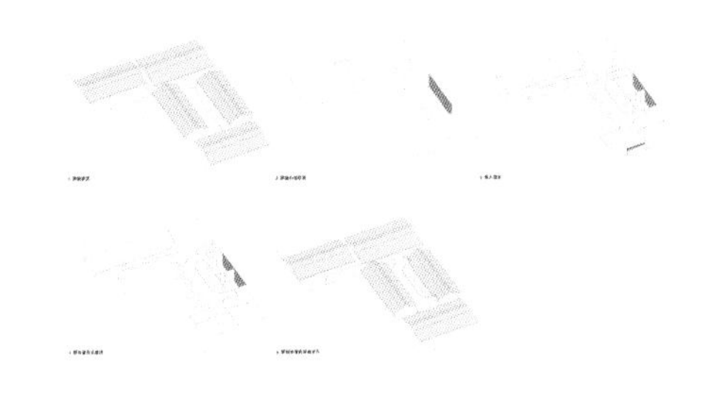

04

01 旧城胡同街景
02-03 按照传统建造工艺，恢复成木结构坡屋顶建筑
04 入口

05

06

07

08

09

05 入口接待台
06 旧有建筑的屋檐下，“曲廊”将分散的建筑合为一体，创造新旧交替、内外穿越的环境感受
07 轻盈、透明的廊空间与旧建筑形成气质上的反差，产生了新与旧相互对话
08-09 廊半内半外、曲折多变的空间形式增加了游园的乐趣

10

11

12

13

14

15

10 茶室入口过道
11 茶室屋顶结构是用旧建筑拆下来的木头后期修缮的
12 庭院小景
13 公共与私密之间的过渡
14-15 每一个茶室有独立的室外景致

Riverside Teahouse

江滨茶会所

项目地点：福建，福州
设计面积：224m²
完工时间：2015 年 1 月
设计单位：林开新设计有限公司
主设计师：林开新
参与设计：陈晓丹
主要用材：桧木、障子纸、松木、贴木皮铝合金、灰姑娘石材
摄影师：吴永长

客户委托设计师林开新做此项目的设计时说：“我想在闽江边上，公园之中，建一个私人会所，闲时与朋友喝茶聊天，累时可放松心情”，林开新脑海中浮现的是江上鸣笛的诗意场景。“笛子是一个象征，它实际上是一种空间的节奏。我希望这个茶会所的格调像笛声般优雅婉转，又悠远绵长”，一向秉持“观乎人文，化于自然”理念的林开新说道。

因此，在江滨茶会所中，会所和江水，一者轻吟，一者重奏；一者灵动，一者厚重；一者当代，一者古老。当两者被有机结合在一起时，它们已经不是相互独立的个体，而是一个丰富的整体。“大江东去，浪淘尽，千古风流人物。”浩浩荡荡的江水，如同一部鸿篇巨制的史书，裹挟着数不尽的风云往事和千古情愁。

整体的设计在追求达至东方文化的圆满中展开——将中庸之道中的对称格局、建筑灰空间的概念巧妙结合，完美呈现出一个自由开放、自然人文的精神空间。以一种柔软而细腻的轻声细语，与浩瀚的江水、优美的园林景观互诉衷肠，相互辉映，和谐共生，而非封闭孤立。沉默无声或张扬对抗的声嘶力竭。

茶会所临江而设，客人需沿着公园小径绕过建筑外围来到主入口。整体布局于对称中表达丰富内涵。入口一边为餐厅包厢和茶室，一边为相互独立的两个饮茶区域。为了保护各个区域的隐私性，增添空间的神秘氛围，设计师设置了一系列灰空间来完成场景的转换和过渡，令室内处处皆景。首先是饮茶区中间过道的端景。地面采用亮面瓷砖，经由阳光的折射，如同一泓池水，格栅和饰物的倒影若隐若现。窄窄的过道显得深邃悠长，衍生出一种宁静超然的意境。其次是餐厅包厢和茶室中间过道的端景。大石头装置立于碎石子铺就的地面之上，引发观者对自然生息、生命轮回问题的思考。在靠近公园走道的两个饮茶区，设计师分别设置了室外灰空间和室内灰空间。室外灰空间为一喝茶区域，除了遮阳避雨所需的屋檐之外，场所直接面向公园开放，在天气宜人、景色优美的四至十月，这里将是与大自然亲密接触的理想之地。在另一边饮茶区，设计师以退为进，采用留白的手法预留了一小部分空间，营造出界定室内外的小型景观。端景的设计不仅丰富了室内的景致，而且增添了空间的层次感和温润灵动的尺度感。

在设计语言的运用上，设计师延伸了建筑的格栅外观，运用细长的木格栅，而非实体的隔墙界定出各个功能“盒子”。即便在洗手间，观者依然可以通过格栅欣赏公园景观，时刻感受自然的气息。格栅或横或竖，或平或直，于似隔非隔间幻化无穷，扩大空间的张力。格栅之外，障子纸和石头亦是空间的亮点。在灯光的烘托下，白色障子纸的纹理图案婉约生动，别有一番自然雅致之美。石头墙的设计灵感来源于用石头垒砌而成的江边堤坝，看似大胆冒险却完美地平衡了空间的柔和气质，令空间更立体更具生命力。在这个模糊了自然和人文界限，回归客户本质需求的空间中，每一个人都可以在此放飞思绪尽情想象，也可以去除杂念凝思静想。

01-02 石头墙的设计灵感来源于用石头垒砌而成的江边堤坝
03 朴质的材料用简约理性的建筑语汇来表达
04-06 窄窄的过道显得深邃悠长，衍生出一种宁静超然的意境
07 木格栅隔墙界定出不同功能区

04 05 06
07

08 09

10

08-09 大面积的石头墙完美地平衡了空间的柔和气质，令空间更立体更具生命力
10 客人可以通过格栅欣赏公园景观
11 石头装置立于碎石子之上，引发观者对自然生息、生命轮的思考
12-13 自然雅致的空间

11

12 13

MIJING Art Space

三坊七巷衣锦坊 · 觅境艺文空间

项目地点：福建、福州
设计面积：450m²
完成时间：2015 年 4 月
设计单位：福州多维装饰工程设计有限公司
主设计师：林洲

逃离樊笼是越来越多都市人的梦想，设计将这一梦想变成了现实。一座大宅，一栋院落，坐拥整片古建筑街区的清净，可以使你自由畅快地隐匿于自然的怀抱。

多维旗下的文创艺术品牌——觅境空间位于福州三坊七巷衣锦坊，由古建筑改建而成。设计在保留古建筑原有建筑结构以及古朴韵味的前提下，将原本稍显落魄的古宅打造成一个多功能的艺术交流展示空间，成为文创界人士交流与展示才华的平台，在这里人们可以寻灵感、觅艺术、品咖啡。

设计保留了宅子的框架结构，让传统中式建筑的厚重气韵充盈于空间。白墙、乌瓦、马头墙，置身其中便是大、进、深的庭院形象，通透的布局方式令视觉得以无限的延展，镂空的照壁利用陶艺摆设将主厅的景致变得隐约可见。青石铺面、圆柱林立、横梁立柱是瓦房标志性的体态结构。

设计让规整的空间布局具有雄浑有力之感，原建筑得以保留的部件散发着原汁原味的气息，与之搭配的或是新中式的木作，或是色彩饱和的现代座椅，组合式的家具又可以根据场地活动的需要自由搭配，令开放性的空间更添几许灵动。

二层的阁楼是观察木质结构的最佳落脚点，而值得赞许的是这座古老的宅院并没有采用传统的封闭式土墙，对于独立空间的构建均采用透明的玻璃和穿透性的隔断做连接，可以纵观全局的特殊视角妙不可言。如果说古建重生是设计师智慧的凝结，那四地落白的墙面则是艺术情怀的寄托，留白的手法既可以营造无穷的意境，又可以在需要时成为画展的背景，颇有一举多得之意。而随处可见的陶艺及油画水墨作品均出自设计师之手。艺术性的摆设可远观、可近赏，古朴的建筑与现代的审美、粗糙的木质与细腻的陶瓷造就了整个空间的冲突美。

01

02

01 觅境藏在一个稍不留神就会错过的巷头
02 入口
03 青石铺面、圆柱林立，中式建筑严谨的对称式布局被保留

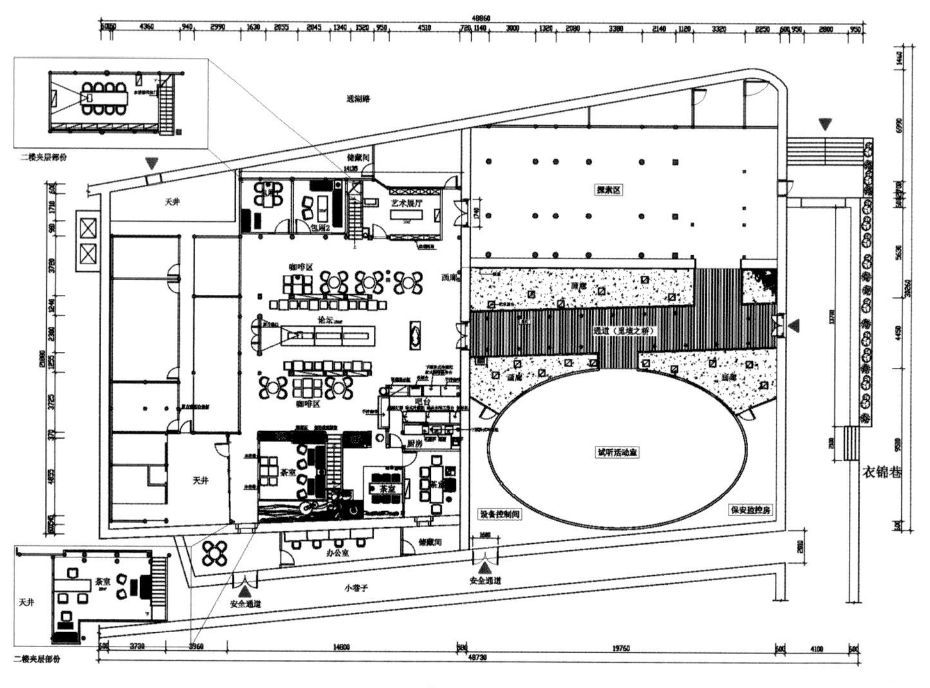

平面布置图 1:120

03

04 木质结构上看得清被岁月腐蚀的痕迹
05 半封闭的包房
06 原建筑保留的部件搭配新中式的木作、组合式的家具，令开放性的空间更添几许灵动
07 通透的大厅
08 “家徒四壁”的空间造就出质朴的感动，雄浑而有力

07

08

09

10

11

12

09 空间的隔断均采用透明的玻璃
10 局部跳跃的色彩使得空间充满了现代时尚的气息
11 楼道
12 独立包房
13 落白的墙面是艺术情怀的寄托
14 粗糙的木质与细腻的陶瓷，使整个空间在冲突中给人宁静的美的享受

13

14

Ming Dianju Rosewood Art Club House

东阳宣明典居紫檀艺术会馆

项目地点：浙江、金华
设计面积：2,000m²
设计单位：北京凯泰达国际建筑设计咨询有限公司
主设计师：李珂
参与设计：王娅晖、杨剑
摄影师：高寒
主要用材：松木、木纹石、麻布、自流平

如何在空间里体现中国意境，是本案所追塑的本源。想要表达一个与众不同的"中国式"空间，自然要花费一番功夫。从无形到有形，从有形到变形，从变形到无形，从思维的抽象到物质的具象，是一个蜕变的过程。

在空间的营造上，采用传统艺术的线条来围和空间的疏密、留白，在对称中寻求突破，均衡中孕育惊喜。空间精神上有一种与众不同的偶遇，有震撼，有本真，有婉约，意料之外的平静，冥冥之中的惊艳。在材料的甄选上，采用质朴的松木，感染力很强的宣纸和有质感的麻布，它们之间在精神层面上是一致的，都能很好地表达当下的中式生活语境。空间为纸，布局为墨，书写山水中国，表达禅宗风韵。

步入大堂仿佛进入竹林禅语之中，静谧的世界让自己的内心安静下来，慢慢体会空灵、飘逸、静雅的空间美学。坐下来静静品茶，一缕檀香在空间中层层晕染，古朴的琴声沁入心田，这是现实版的桃花源。地面的石材分割参照当地文脉悠久的建筑古迹，在现代的空间里隐约能感受到地域文化的存在。空间中人与人视线的交流，人与人通过器物的交流，人与自然和谐共生。明式家具的简素空灵，当代文人绘画的超逸脱俗，空间的艺术雅致都在这里交融。

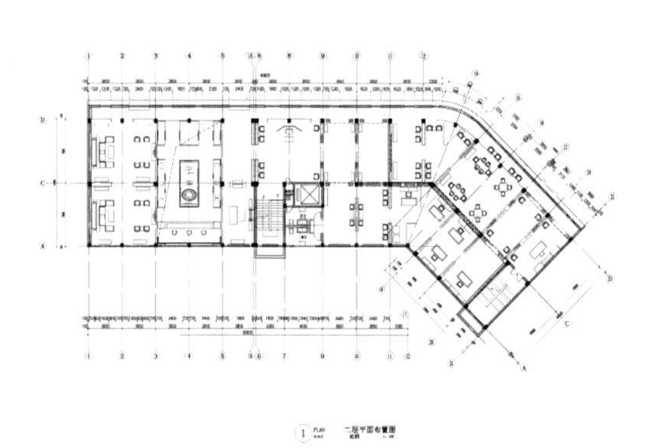

01 传统艺术的线条来围和空间的疏密
02 外观
03-04 禅宗风韵的空间艺术装饰
05 步入大堂仿佛进入竹林禅语之中

01

02

03

04

05

06

07

06-07 茶室
07 明式家具简素空灵
08-09 空间细节

Waterland Spring SPA

水境SPA温泉会馆

项目地点：辽宁、沈阳
建筑面积：2500m²
完成时间：2014 年 12 月
设计单位：沈阳大展装饰设计顾问有限公司
主设计师：孙志刚、钱宇、林妍希

此会馆是清水湾休闲酒店管理公司针对贵宾会员服务升级的又一产品。虽然水境地处沈阳市区的中心地带，但是建筑却藏匿于群楼围绕的一块空地中，让它得以独享一方宁静。独特的地理优势给设计师带来了更多的遐想和灵感，于是便有了这一处闹中取静，去华存朴，气质淡雅的私家憩园。

清幽的院落把建筑包围其中，伴着潺潺的流水，轻踏入院，顿感漫步林间小路带来的一丝惬意。五米高的宅门静静地迎接来访的贵宾，引导其步入厅堂。回归，放松，清雅是设计的语言。整个空间像是一幅画卷，淡彩写意，轻松洒脱。

设计师提取东方元素并进行演变，用木色、灰色和白色作为底色，以古朴简单的基调衬托陈列艺术品的精致与品位，也使得会馆得以展现自己独特的文化底蕴。身处其中的宾朋在轻烟袅袅的茶室吃茶聊天，在室外庭院养生温泉池中观花赏雪，在优雅的氛围中体验 SPA 带来的安宁，这就是"水境"特有的生活方式。

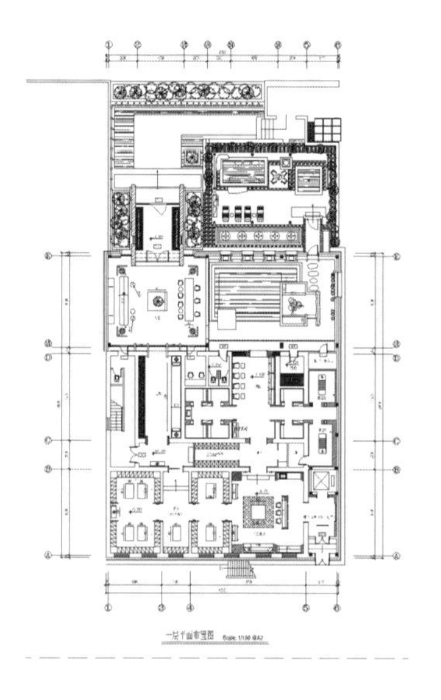

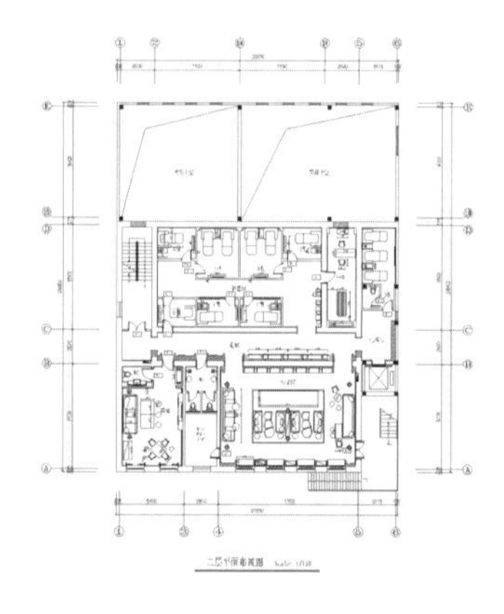

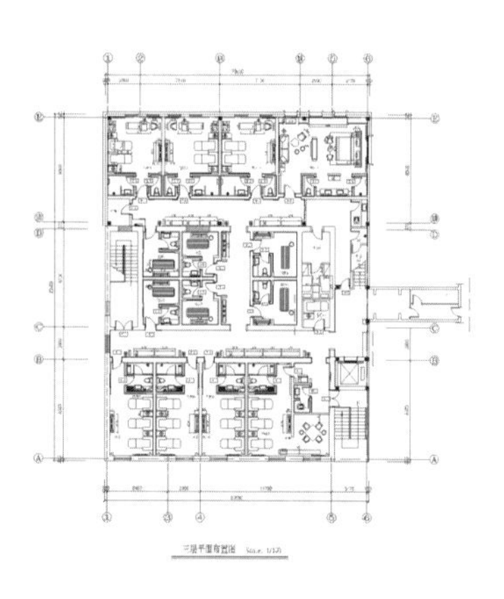

01 院落一隅
02 禅意清幽的院落
03-04 装饰局部特写

02

03

04

05 会所大堂
06-08 古朴简单的基调衬托陈列艺术品的精致与品位
09 女宾 SPA 温泉区
10 男宾 SPA 温泉区

09

10

11

12

11 远离喧嚣的宁静
12 会所客房
13 SPA 温泉区
14-15 休憩室

13

14

15

Honey Lake Baths

香密湖休闲体验场

项目地点：辽宁，沈阳
设计面积：4,500m²
完成时间：2015 年 1 月
设计单位：沈阳大展装饰设计顾问有限公司
主设计师：孙志刚　宋杨

北方的冬季寒冷又漫长，呼啸的北风阻隔了人们对室外时光的享受，但人们的生活热情不会因严寒而减退，人们渴望有一处放松之所，可驱逐寒冷，尽享温暖。再没有比休闲浴场更合适的地方了，在蒸腾的热气中，暖暖的茶香中，静雅的房间中，体验幸福的暖流从心底流过。这也是北方水疗发展得成熟而有特色的原因，本案就是一个集洗浴、餐饮、娱乐为一体的全新体验浴场——香密湖，值得一提的是，与其说它是浴场，不如说是一个有“洗浴功能的展厅”更合适，浴场中随处可见的家具和配饰，都是甲方所经营的木材产品。均被巧妙自然地融入整个空间，同浴场形成一个和谐美妙的整体。

本案的空间土建结构较为复杂，举架不是很高，还有很多剪力墙，在满足使用功能的基础上，让空间更加富有建筑感，没有刻意的修饰和渲染，整体颜色和氛围把控得含蓄而内敛，除女浴采用了米白的色调，体现了女性柔美朦胧的气质，其他区域在颜色的处理上更加简约而沉稳，不同层次的灰色调配以原木和绿植，营造出一种亲切、舒缓、自然的味道，硬包的布艺墙面，也是采用温馨的绿色，为空间注入了丝丝暖意。细碎素雅的点点花束，就像春天的讯息，悄然绽放而不容忽视。

香密湖以东方传统文化的思维打造宁静而致远的整体空间，大量的原木家具和配饰随处可见，韵味十足，木质花格精细雅致，透着中式的禅意和朴实，每一个角落，每一处细节都散发着宁静、纯朴、浑然天成的美。人们在走进香密湖的那刻起，就仿佛踏进了一个幽静的丛林，与自然、活力、纯粹进行一场心灵的旅行，随着悠长的回廊、柔柔的光影、氤氲的热气，世外的纷争、喧闹的都市渐渐离我们越来越远，只有灵魂的回归和心情的释放。

大堂中引入的巨型的原木接待台，男浴中首次尝试的木制泡池，都是本案的亮点，连接一、二层的楼梯，在处理上也匠心独运，灰石材的实体扶栏，扶手踏步皆是实木打造，所有的一切，都带着原始而古朴的气息直扑心田，每一处转角，每一隅空间，都有回归本源的内涵和文化的气息，用质朴的语言，抚慰浮躁的心绪，使人由内而外真正的自我释放，达到心神合一，五蕴共鸣。

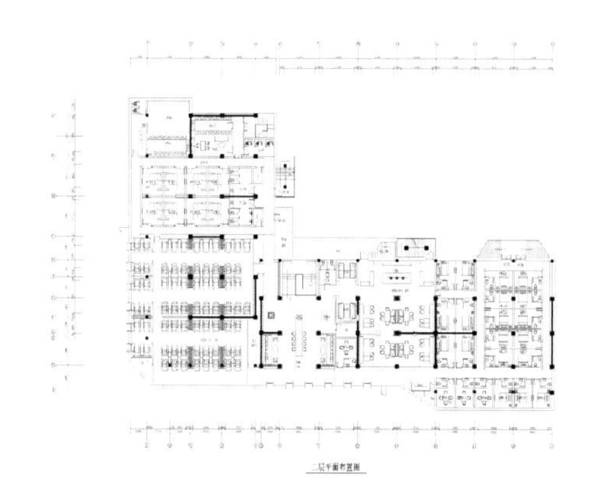

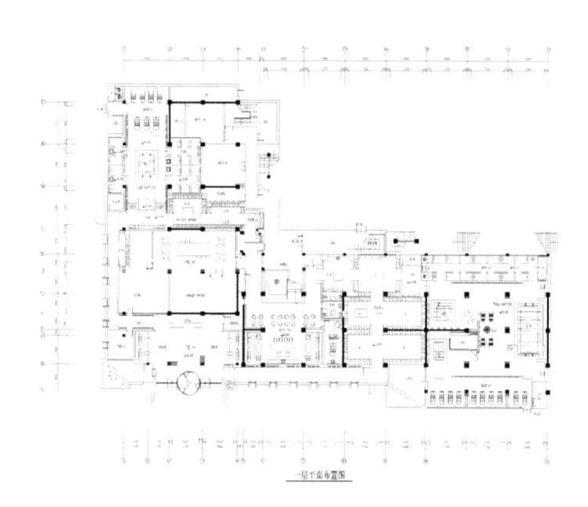

01

01 建筑外观 宁静、纯朴、浑然天成
02-03 男浴区在颜色的处理上更加简约而沉稳

02

03

04

05

06

07

08

09

10

04 休闲区大量的原木家具和配饰随处可见，韵味十足
05 女浴区的米白色调体现了女性柔美朦胧的气质
06 更衣梳妆区内温馨的绿色布艺墙面，为空间注入了丝丝暖意
07 站浴区幽长的走廊，斑驳的光影
08-09 自助餐厅用不同层次的灰色调配以原木和绿植，营造出一种亲切、舒缓、自然的味道
10 楼梯强调了建筑的结构感

One Park Clubhouse

古北壹号会所

项目地点：上海
建筑面积：1,8000m²
完成时间：2015 年 5 月
设计单位：Wilson Associates LLC
摄影与照片提供：Wilson Associates LLC— 李佳

上海古北壹号会所诠释最奢华的生活方式。设计灵感来源于伦敦充满魅力的海德公园一号，为住户提供 SPA，迷你剧院，果汁吧与美食，儿童俱乐部，专业室内泳池，屋顶无边际泳池与诊所等全方位的服务。

为了营造出让人流连忘返的魅力生活场所，威尔逊设计团队利用高端的材料创造出各具特色的空间。酒店式公寓大堂使用了缟玛瑙地面，以钻石的形状衍生出的玻璃墙面以及精美的水晶吊灯。室内泳池则呈现了三维立体感强烈的天花与珊瑚为原型的马赛克地面。雪茄吧与红酒吧以抛光与粗糙的木材与石材相结合，让整个空间显得既简洁无华又精致万分。

整个会所建筑外立面形状像海浪，所以水也自然而然成为了贯穿始终的设计理念，特别是软装的选择上，例如地毯的图案，软包与 SPA 的艺术品，抽象地联系到了涟漪、波浪与水滴，以流动的设计语言连接着各个不同的空间。主大堂的地毯就像是飞溅的水，与酷似镜池的背景幕相得益彰。

01

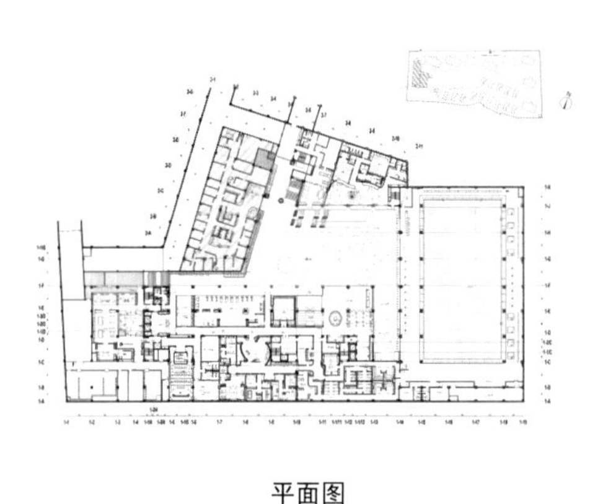
平面图

02

01 建筑外观
02 主大堂
03 酒店式公寓大堂
04 电梯厅

03

04

05

06

07

05-07 雪茄吧与红酒吧
08 SPA 区入口
09 SPA 区走廊
10 SPA 双人房间

11

12

11-12 SPA 理疗室
13 室内泳池
14 迷你剧院
15 瑜伽中心
16 儿童俱乐部
17 健身房

13

14

15

16

17

The Coast Cinema, Café and Club

海岸影院、咖啡店及私人会所

项目地点：江苏、无锡
建筑面积：约5300m²
建筑设计：壹正企划有限公司
景观设计：罗灵杰、龙慧祺

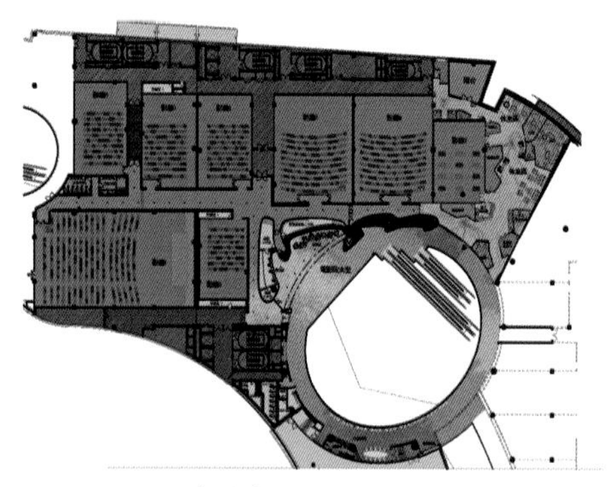

电影院平面图

01

贵公司一贯的设计理念是什么？

罗灵杰 & 龙慧祺：我们一贯的设计理念是追求创新和独特性的设计，希望在每个项目中出现新的创作元素，而不是重复之前的作品。我们将独特的灵魂赋予在每个作品，令它们成为有生命的个体。同时，我们自己的想象力丰富，很怕沉闷，常常会去找寻新的事物，就算客户没有特别的要求，也希望每个项目都实现新的突破，带来一些新的冲击。

客户对海岸影城项目的设计要求是什么？设计的重点和难点分别是什么？

罗灵杰 & 龙慧祺：我们壹正的设计大胆、注重创新，务求每个项目都要突破自己，所以我们会用更多的时间和精力去构思，争取把别人做到一百分的设计做出两百分，这样才能给客户带来更大的信心。这一次，海岸影城的客户想要一个容易打理、耐久的设计。通常来说，容易打理意味着空间比较简单并且缺乏丰富的特色，因此我们力图把容易打理这个概念融入大胆创新的主题中，让它既实用又美观！

设计师的设计灵感来自什么？

罗灵杰 & 龙慧祺：因为海岸影城是海岸集团的影院，因此我们的设计灵感和主题都是来自“海岸”。

请谈谈海岸影城项目的一些亮点。

罗灵杰 & 龙慧祺：整个海岸影城都以海浪为主题，在售票处背后用金属圆通做成海浪的形状，既简单又容易打理！售票处的柜台则像一大块的石头，以一个抽象的画面去丰富客人的幻想，让他们有如置身于海边……这个设计既抽象又能配合主题。我们为地面选择了几种不同颜色的大理石，营造出自然的感觉！

在海岸影城项目中，您如何实现项目预算、企业需求和艺术创新之间的平衡？

罗灵杰 & 龙慧祺：在设计的过程中我们会先以艺术性为主，针对每个项目度身定做，所以能够得到最具创意、最独特的作品。然后，设计会配合客户的预算来发展，例如有时我们会使用一般的金属管，它们并不贵，效果很好且容易打理。我们擅长使用这类实用的物料。

对这个项目您是否满意？是否还有遗憾？

罗灵杰 & 龙慧祺：我们对这个项目很满意，因为这是我们前所未有的作品。我们一向的作品都偏向于在复杂中呈现美感，这次营造的却是简单之美。客户也很认同我们的设计，这让我们非常有成功感。

02

03

04

01 影院内的蓝是海水的颜色
02 售票处的柜台则像一大块的石头
03 金属圆通做成海浪的形状，简单又易打理
04 影院洗手间

05

06

07

08

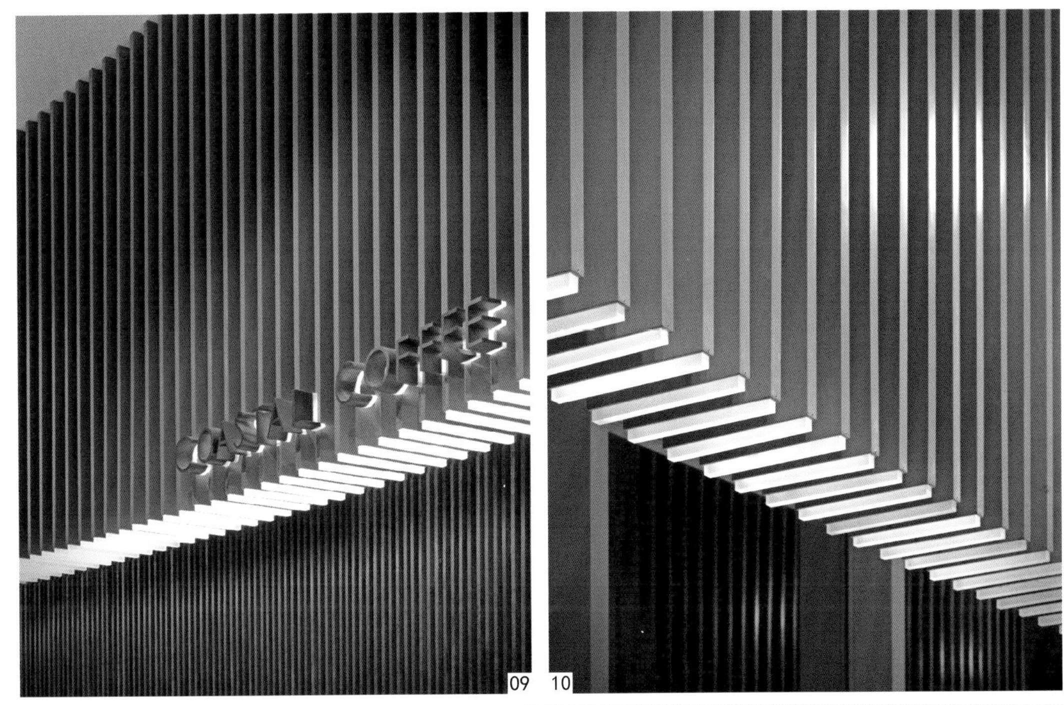

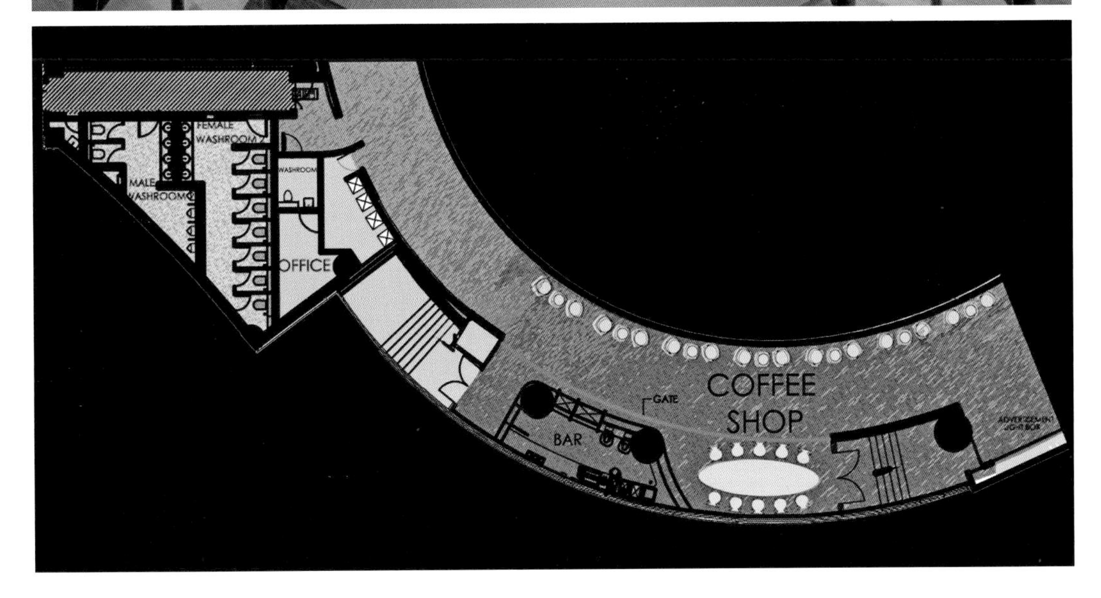

05-06 咖啡区
07 洗手间
08 服务台
09-10 入口处吊灯细节
11 咖啡卡座区

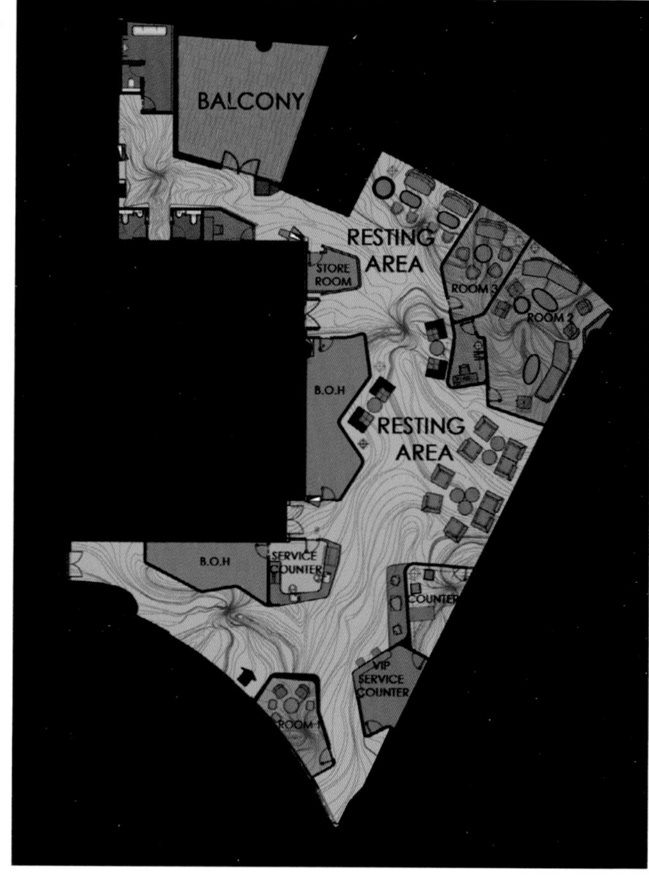

12 金属质地的结构
13 私人会所入口
14 服务台
15-16 会所休息区

15

16

Qingtian Inkstone Club

"青田砚"私人会所

项目地点：上海
设计面积：室内 290m²；景观：145m²
业主：平海富
完成时间：2014 年 9 月
主设计师：林琮然
设计团队：李本涛、姚生、涂静芸
摄影师：黎威宏
主要材料：青石板、木材、黑铁、黑洞石、水泥

本案的主人平先生是一个对文化有追求的成功企业家，2011 年在目睹《富春山居图》与浙江省博物馆馆藏的残卷《剩山图》这两件原属一体但却分隔了约 360 年的名画再次合璧展览，深受启发，于是委托设计师在上海徐汇滨江原上海开元毛纺原料加工仓库内建造本案。

从选址到命名、从定性到定量，平先生均与设计师进行了相互商讨。空间概念借砚台为题，想象在空间内植入一墨池，池边依照《富春山居图》里山的走势，在起承转合间书写抽象而又纯粹的千古神韵。设计试图以放大文房四宝的手法，让砚承载更多的思考力量，最终使老房子有了新灵魂。

经过无园门的碎石海，伴随着青石墙上落下的水声，推开竹制的门把，入户后首先看到迎客的闽南喝茶大桌。于雪白如意造型的吧台上小酌，微醺间可望向艺术感强烈的墨黑色山水石砚。藏在角落的理疗空间，屋面梁板被屋顶的雨水池代替。建筑空间内摆放着中外名师设计的家具。

设计藉山水意境赋予空间新的生命，建筑的修复选材以白墙黛瓦、青石白砺、原木黑水为主。设计创造出流体造形吧台与砚石休闲区，流动曲线在垂直木结构老屋中找到了完美平衡。此外，许多细节也呼应着设计主题，如青田砚烟灰缸就承续着文人隐士的风度。"青田砚"会所通过旧建筑修复与山水的植入，塑造了新的人文空间。

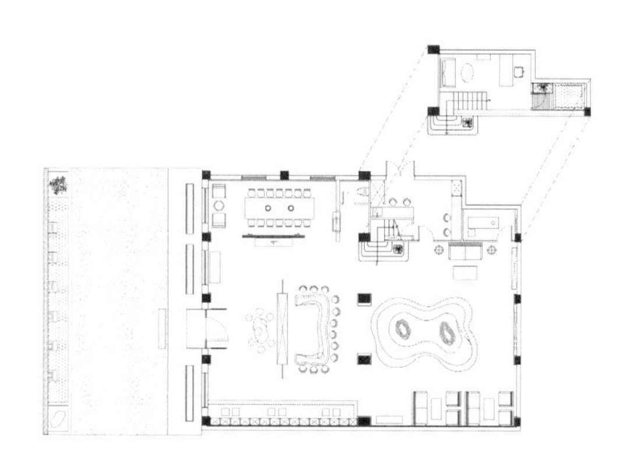

平面图

01 入口
02 白墙黛瓦的建筑风格
03 庭院内的碎石海
04 休息区中央的偌大砚台可以足浴

01

02

03

04

05

06

05-06 砚石休闲区
07 吧台区
08 流体造型的吧台在垂直木结构老屋中找到了完美的平衡
09 阅读交流区

10

11

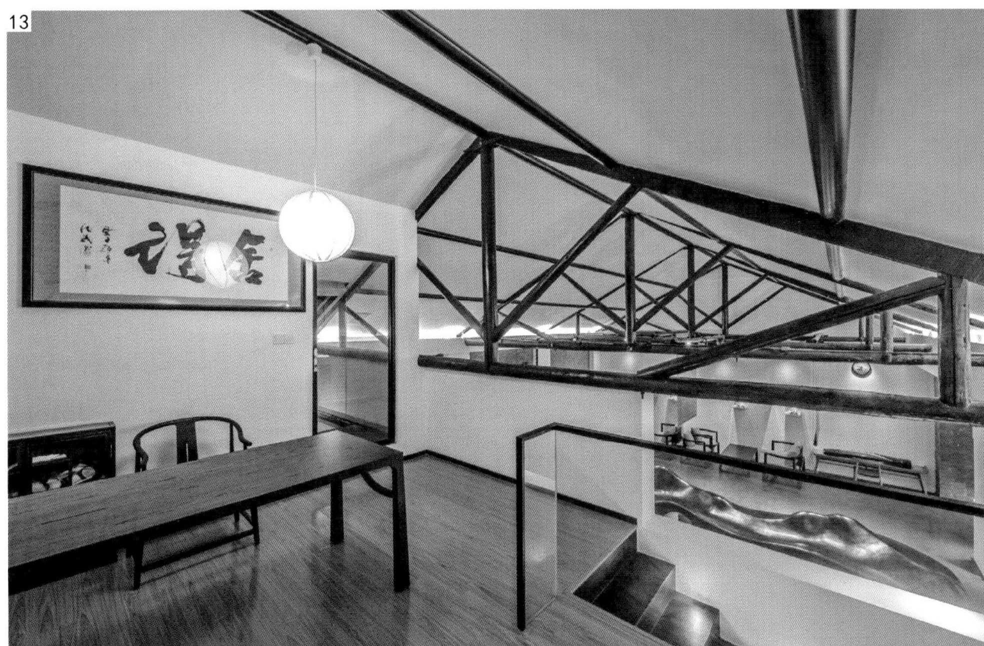

10 原木大长桌的茶室
11 品茗闲聊
12-13 二楼结构及视角
13 藏在角落的理疗空间

Olive City Club

橄榄城会所

项目地点：北京
设计面积：368m²
完成时间：2014 年
设计公司：北京屋里门外(INX)设计有限公司
主设计师：吴为
参与设计：刘晨阳、海欧
主要材料：大理石、地砖、榆木板、壁纸、木地板
摄影师：周之易

融科橄榄城会所项目，是其内部使用的一处接待空间，需要在原有复式结构住宅楼的基础上重新分隔空间，改造出宴请、娱乐以及休息等功能的空间。

一层主空间最主要的构成是两个大小不一的宴请空间，一处是设在原有起居空间的 12 人位主宾区域，另一处是由与之相邻一间客房改造而成的 4 人位就餐区。一层还设有会客区及茶室，以补充一层的接待及休闲功能。此外还有一个由原来的露台封闭之后改造而成的小型就餐区，为司机提供就餐及休息使用。二层空间的主要功能是休息及棋牌室，露台部分加设了一处室外的休闲区域。

会所空间被定义为现代简约的中式风格，追求既有禅意又具东方的空间韵味，运用现代的设计手法来表现出东方韵味。

主宾区利用原有空间中两层挑高的一面主墙，做了主题呼应的设计，也由此从视觉上划分出主宾位，利用传统花格形式的变型设计，配以非常传统的中国红来渲染出中式风格的独特韵味与大气高雅的气质。同时，结合二层天花的造型处理，突出建筑结构，整体对称，局部呈现不对称之美，通过高低错落的大型吊灯完成了这一对比关系。设计在整体空间中找寻关系，虽然体量较大，但镂空金属条的处理方式化解了大体量的沉重感，也与二层的栏杆，室内的各处线条相呼应。

完整的视觉体验感是通过对细节元素的处理来完成的。在墙面装饰上，运用了平面化的传统水墨画来调和空间色彩，同时还使用了经典的徽派木雕花板、漆艺作品等立体元素来突出局部装饰，在整体之中通过细节贯穿整体空间。

花艺与绿植的搭配不乏用心之处，蝴蝶兰、水仙、火龙珠等典型的东方花卉风格明显，仿真植物带来的长效装饰效果，也能够配合会所的空间属性。大型干枝以其大体量成为台面上的主角，与墙面的立体装饰元素相呼应，而随处可见的小枝、绿叶盆栽等鲜活植物，也在各处空间之中丰富着细节的表达。

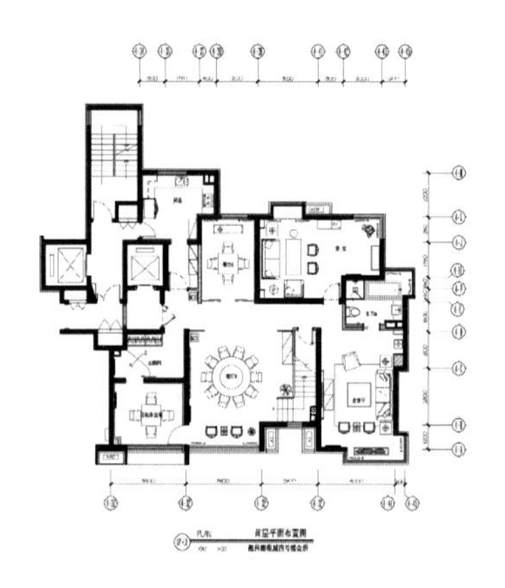

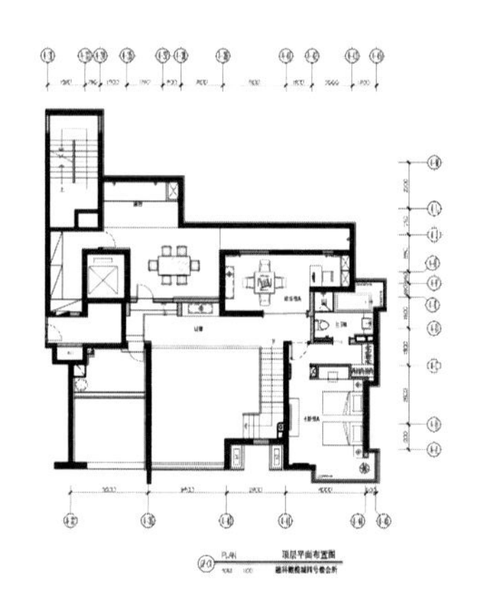

01

01 传统花格形式的变型设计
02 室内的各处线条相呼应
03 墙面上经典的徽派木雕花板突出局部装饰
04 4 人位就餐区

02 03

04

05 不规则组灯的秩序感让整个挑空空间灵动起来
06 定制花池为空间增添了几分雅趣
07 红色靠垫，红色画幅，红色陶器和漆器，简单的色彩元素透过不同的材质表达，营造出空间的中式韵味

06

07

Huanqiu Number 5 KTV

环球五号KTV

项目地点：重庆
建筑面积：3,000m²
完成时间：2014年
设计单位：深圳市零柒伍伍装饰设计有限公司
主设计师：黄治奇

环球五号KTV，是一家以高端定位为主题的休闲娱乐场所。进入大堂，黑白灰组成的平面构成，极具视觉冲击力，从地面一直延伸到服务台，且增加了灯光进行强化。为了不损坏使用率极高的服务台，特采用了钢化玻璃进行包裹，既美观又实用。天花上布满了错落的水晶灯，其不按常规套路出牌的摆放方式，令客人进入大堂时不会那么拘束，可放松心情，释放能量。

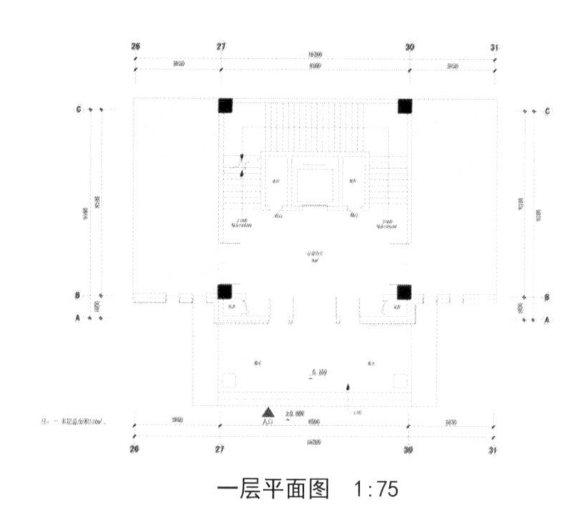

一层平面图 1:75

01

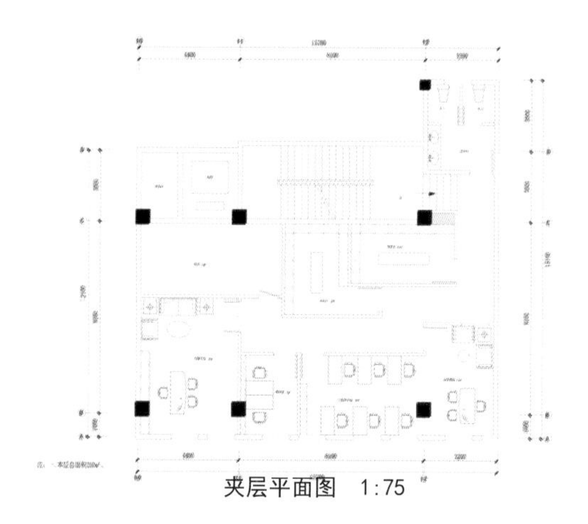

夹层平面图 1:75

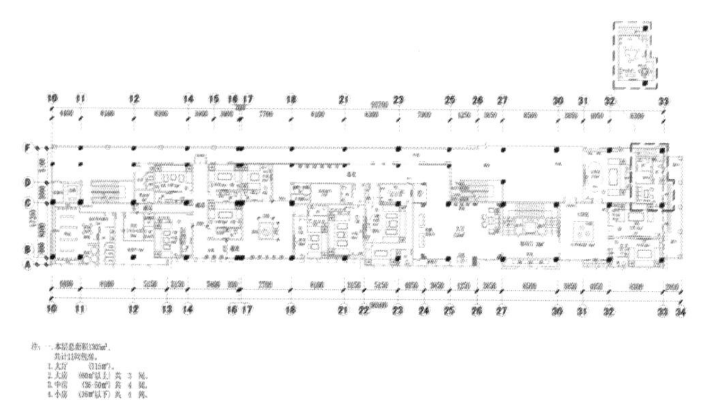

二层平面图 1:75

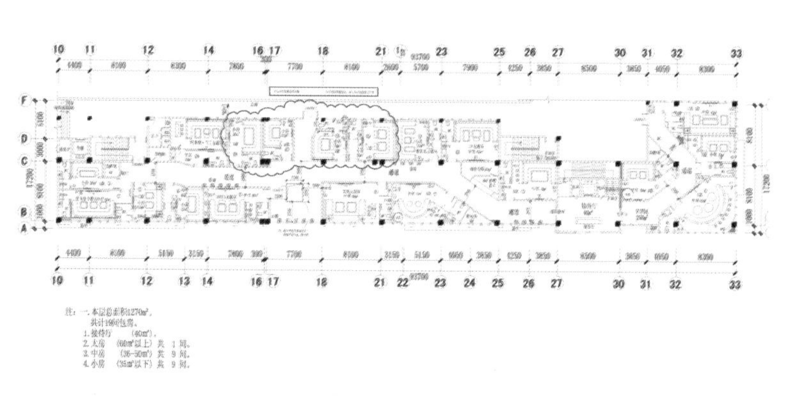

三层平面图 1:75

02

03

04

01 一层接待厅
02 接待台
03 通往二层的楼梯
04 二层过厅

05

06

07

05-06 香奈儿主题房
07 宾利主题房
08 A 款包房
09 B 款包房

08

09

10

11

12

13

14

15

16

10-13 阿斯顿 · 马丁主题房
14 C 款包房
15 爱马仕主题房
16 卫生间

Bar Rouge

Bar Rouge 改建

项目地点：上海
设计面积：1,100m²
完成时间：2015 年 6 月
室内设计单位：Kokaistudios
主设计师：Andrea Destefanis & Filippo Gabbiani
摄影师：夏宇

Bar Rouge 是上海一处具有传奇色彩的标志性夜生活场所，位于获联合国教科组织遗产保护奖的外滩 18 号顶层。这栋历史建筑的修复和改造也是 Kokaistudios 在亚洲的首个项目。在历经了过去十年几次小规模的装修后，Kokaistudios 回访该项目，并担当起在四个月内完成重新设计和装修工程的重任。

客户的愿景是使 Bar Rouge 重现最初的魅力和精神，营造一个展现国际都市活力，提供最高水准的音乐和服务，同时又神秘莫测、具有上海风情的场所。设计师将 Bar Rouge 设想为一个来宾可踏着红毯从台前贯穿至幕后的时装秀场。所有的室内装饰元素从时尚界的秀场中汲取灵感，例如入口处镜头式的 LED 灯墙，围绕着吧台的定制导演椅和置丁红色吧台上方的标志性的 Fortuny 摄影棚伞灯。

设计营造了一系列开放式、半私人和私人空间来分别迎合公众、团体和大型的私人聚会需求。位于中央的充满活力的酒吧及周围卡座的设计灵感来自中式传统的木盒和床。客人可由开放的阳台俯瞰令人叹为观止的外滩景观和浦东天际线。设计中西合璧、博古采今，从而创造出独一无二的室内氛围来引领当今娱乐业文化与亚洲接待服务相融合的全球新趋势。

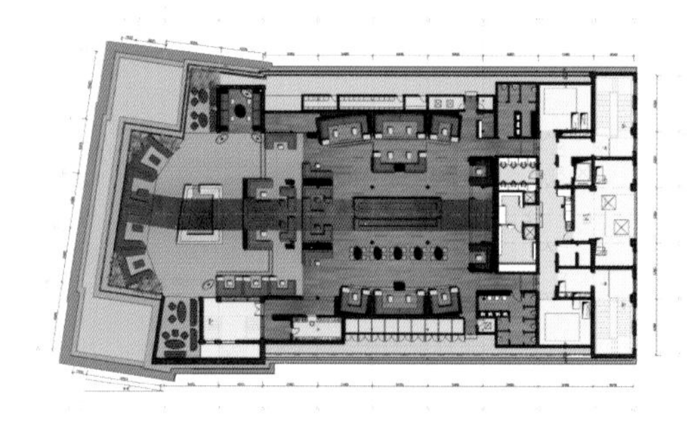

平面图

01 一位虚构的代表 Bar Rouge 形象的上海女士，性感并魅力十足
02 入口处镜头式的 LED 灯墙，让来宾如同踏着红毯般入场
03 围绕着吧台的定制导演椅和置于红色吧台上方的 Fortuny 摄影棚伞灯，灵感来自时尚秀场

02

03

04

05

04-05 神秘莫测的上海风情
06-07 细部处理
08-10 充满活力的酒吧及周围卡座的灵感来自中式传统的木盒和床

06

07

08

09

10

11-13 卫生间设计展示了都市时尚与活力
14-15 开放的阳台俯瞰令人叹为观止的外滩和浦东天际